# 元素記号および原子量表

安定同位体がなく、特定の天然同位体組成を示さない元素については、表的な放射性同位体の中から1種を選んでその質量数を（ ）の中に表示してある（したがってその値を他の元素の原子量と同等に取扱うことはできない点に注意）。太字の元素記号はまず最初に憶えてほしいものを示す。

| 原子番号 | 元素名 | 元素記号 | 原子量 | 原子番号 | 元素名 | 元素記号 | 原子量 |
|---|---|---|---|---|---|---|---|
| 1 | **水素** | **H** | 1.007 94 | 53 | **ヨウ素** | **I** | 126.904 47 |
| 2 | ヘリウム | He | 4.002 602 | 54 | キセノン | Xe | 131.293 |
| 3 | リチウム | Li | 6.941 | 55 | セシウム | Cs | 132.905 45 |
| 4 | ベリリウム | Be | 9.012 182 | 56 | **バリウム** | **Ba** | 137.327 |
| 5 | ホウ素 | B | 10.811 | 57 | ランタン | La | 138.905 5 |
| 6 | **炭素** | **C** | 12.010 7 | 58 | セリウム | Ce | 140.116 |
| 7 | **窒素** | **N** | 14.006 7 | 59 | プラセオジム | Pr | 140.907 65 |
| 8 | **酸素** | **O** | 15.999 4 | 60 | ネオジム | Nd | 144.24 |
| 9 | フッ素 | F | 18.998 403 2 | 61 | プロメチウム | Pm | (145) |
| 10 | ネオン | Ne | 20.179 7 | 62 | サマリウム | Sm | 150.36 |
| 11 | **ナトリウム** | **Na** | 22.989 770 | 63 | ユウロピウム | Eu | 151.964 |
| 12 | **マグネシウム** | **Mg** | 24.305 0 | 64 | ガドリニウム | Gd | 157.25 |
| 13 | **アルミニウム** | **Al** | 26.981 538 | 65 | テルビウム | Tb | 158.925 34 |
| 14 | ケイ素 | Si | 28.085 5 | 66 | ジスプロシウム | Dy | 162.500 |
| 15 | リン | P | 30.973 761 | 67 | ホルミウム | Ho | 164.930 32 |
| 16 | 硫黄 | S | 32.065 | 68 | エルビウム | Er | 167.259 |
| 17 | 塩素 | Cl | 35.453 | 69 | ツリウム | Tm | 168.934 21 |
| 18 | アルゴン | Ar | 39.948 | 70 | イッテルビウム | Yb | 173.04 |
| 19 | **カリウム** | **K** | 39.098 3 | 71 | ルテチウム | Lu | 174.967 |
| 20 | **カルシウム** | **Ca** | 40.078 | 72 | ハフニウム | Hf | 178.49 |
| 21 | スカンジウム | Sc | 44.955 910 | 73 | タンタル | Ta | 180.947 9 |
| 22 | チタン | Ti | 47.867 | 74 | **タングステン** | **W** | 183.84 |
| 23 | バナジウム | V | 50.941 5 | 75 | レニウム | Re | 186.207 |
| 24 | クロム | Cr | 51.996 1 | 76 | オスミウム | Os | 190.23 |
| 25 | マンガン | Mn | 54.938 049 | 77 | **イリジウム** | **Ir** | 192.217 |
| 26 | 鉄 | Fe | 55.845 | 78 | 白金 | Pt | 195.078 |
| 27 | コバルト | Co | 58.933 200 | 79 | 金 | Au | 196.966 55 |
| 28 | ニッケル | Ni | 58.693 4 | 80 | 水銀 | Hg | 200.59 |
| 29 | 銅 | Cu | 63.546 | 81 | タリウム | Tl | 204.383 3 |
| 30 | 亜鉛 | Zn | 65.409 | 82 | 鉛 | Pb | 207.2 |
| 31 | ガリウム | Ga | 69.723 | 83 | **ビスマス** | **Bi** | 208.980 38 |
| 32 | **ゲルマニウム** | **Ge** | 72.64 | 84 | ポロニウム | Po | (210) |
| 33 | **ヒ素** | **As** | 74.921 60 | 85 | アスタチン | At | (210) |
| 34 | セレン | Se | 78.96 | 86 | ラドン | Rn | (222) |
| 35 | **臭素** | **Br** | 79.904 | 87 | フランシウム | Fr | (223) |
| 36 | クリプトン | Kr | 83.798 | 88 | **ラジウム** | **Ra** | (226) |
| 37 | ルビジウム | Rb | 85.467 8 | 89 | アクチニウム | Ac | (227) |
| 38 | **ストロンチウム** | **Sr** | 87.62 | 90 | **トリウム** | **Th** | 232.038 1 |
| 39 | イットリウム | Y | 88.905 85 | 91 | プロトアクチニウム | Pa | 231.035 88 |
| 40 | ジルコニウム | Zr | 91.224 | 92 | **ウラン** | **U** | 238.028 91 |
| 41 | ニオブ | Nb | 92.906 38 | 93 | ネプツニウム | Np | (237) |
| 42 | モリブデン | Mo | 95.94 | 94 | **プルトニウム** | **Pu** | (239) |
| 43 | テクネチウム | Tc | (99) | 95 | アメリシウム | Am | (243) |
| 44 | ルテニウム | Ru | 101.07 | 96 | キュリウム | Cm | (247) |
| 45 | ロジウム | Rh | 102.905 50 | 97 | バークリウム | Bk | (247) |
| 46 | **パラジウム** | **Pd** | 106.42 | 98 | カリホルニウム | Cf | (252) |
| 47 | 銀 | Ag | 107.868 2 | 99 | アインスタイニウム | Es | (252) |
| 48 | **カドミウム** | **Cd** | 112.411 | 100 | フェルミウム | Fm | (257) |
| 49 | インジウム | In | 114.818 | 101 | メンデレビウム | Md | (258) |
| 50 | スズ | Sn | 118.710 | 102 | ノーベリウム | No | (259) |
| 51 | アンチモン | Sb | 121.760 | 103 | ローレンシウム | Lr | (262) |
| 52 | テルル | Te | 127.60 | | | | |

# 医療・看護系のための
# 化学入門

お茶の水女子大学名誉教授
理学博士
**塩田三千夫**

元日本赤十字看護大学教授
理学博士
**山崎　昶**

共　著

東京 **裳華房** 発行

# Introductory Chemistry for Medical and Nursing Courses

by

Michio Shiota, Dr. Sci.
Akira Yamasaki, Dr. Sci.

SHOKABO

TOKYO

# は　し　が　き

　看護師・医療検査技術者などを目指して，大学・短期大学・専門学校で勉強しておられる皆さん．

　私たちは，皆さんの化学の勉強のお役に立ちたいとの願いからこの本を書きました．

　皆さんの中には，「七面倒くさい丸暗記学科の化学なんぞ，できることなら御免こうむりたいものだ」などと思っている人はありませんか？

　でも，ちょっと待ってください．じつは，現在の医療の現場では化学の基礎知識は欠かすことのできないものになっているのです．

　困ったな，と思う人があれば，困る前に第 1 部の「はじめに」を一読してみてください．

　第 1 部では，なぜ化学が医療に必要なのか，化学と医療とはどのような関わりをもっているのか，を十分に理解していただくことを土台に据えて，化学の基礎を平易な言葉で親切に解説しました．ここでは，著者の看護大学での教育の経験が存分に生かされているはずです．

　第 2 部は，化学のうちから特に有機化学だけを取り上げて，その入門の入門とでもいうべきものにしました．それは，化学のうちでも有機化学は特に複雑で難解きわまりないものと思い込んでいる学生諸君が多いことと，これから皆さんが付き合う物質の大部分が有機化合物であるためです．生化学とのつなぎとして，生体物質の有機化学も加えてあります．

　多くの学校では，化学は半年のカリキュラムになっていると思います．それに対応して，教科書として用いられるときはほぼ半期分強の授業に相当するような内容を盛ったつもりです．

　私たちは，皆さんの学力で十分読みこなせるものを目指しました．しかし，

もしも　もう少し易しい本を参考にしたいという方がいたら，巻末に紹介した参考書を活用してください．

　「岡目八目」という言葉のとおり，当事者より第三者の方が事の是非はよくわかるもののようです．この本について，いけないところやお気付きの点はお教え願いたいと思います．将来よりよいものにしたいと念じています．

　この本を書くにあたり，多くの方々からご意見をいただき，また多数の書物を参考にさせていただきました．お礼を申し上げます．

　この本を出版してくださった裳華房，出版の実務にお骨折りいただいた小島敏照さん，この本の企画段階でご尽力下さった亀井祐樹さん，本当に有難うございました．

　多くの方々のお力添えを得てこの本が世に出ることは，まことにうれしいことで心から感謝いたします．

2003年1月

著　者

# 目　　次

## 第1部　医療と化学の接点 − 化学の基礎

はじめに ……1

### 第1章　エネルギーと原子構造　−X線，γ線−

1・1　X線のエネルギー………………5
1・2　ボーアの原子モデル……………8
1・3　特性X線…………………………9
1・4　原子のスペクトル………………10
1・5　原子核と放射線…………………10
1・6　核種の表現，半減期……………14
1・7　核化学方程式……………………16
1・8　放射線治療・診断に使う
　　　放射能と放射線………………18
1・9　放射線障害………………………19

### 第2章　元素記号と化学式，化学結合

2・1　元素記号は万国共通……………21
2・2　化学式……………………………23
2・3　化学結合のいろいろ……………24

### 第3章　原子と分子　−モル・当量・規定度−　……28

### 第4章　酸と塩基，イオン

4・1　電離とイオン化…………………34
4・2　酸と塩基…………………………35
4・3　水素イオン濃度とpH…………37
4・4　弱酸の解離，緩衝溶液…………39

### 第5章　化学平衡

5・1　質量作用の法則…………………43
5・2　錯形成平衡………………………44

## 第 6 章　酸化と還元

6・1　酸化還元反応…………………52 ｜ 6・2　酸化剤の消毒薬………………56

## 第 7 章　重要な無機の元素 ……62

## 第 8 章　物質の三態と溶液　－拡散・浸透現象－

8・1　気体と溶液…………………67 ｜ 8・3　浸透現象………………………72
8・2　拡散現象……………………70

## 第 9 章　コロイド

9・1　コロイドとは何か……………80 ｜ 9・2　ゾルとゲル……………………82

## 第 10 章　化学反応とエネルギー

10・1　エネルギー…………………85 ｜ 10・2　化学ポテンシャル ……………86

# 第 2 部　有機化学入門

はじめに ……91

## 第 11 章　分子の骨組み

11・1　構造式………………………93 ｜ 11・3　構造異性体……………………98
11・2　骨組みからの化合物の分類…96 ｜ 　　　この章のまとめ…………………99

## 第 12 章　有機化合物の結合

12・1　共有結合……………………100 ｜ 12・4　ベンゼン環の結合……………107
12・2　電子式・極性結合・極性分子 ｜ 12・5　「水素結合」と呼ばれる
　　　………………………………102 ｜ 　　　特別な結合……………………109
12・3　結合の強さ・結合の長さ……105 ｜ 　　　この章のまとめ…………………110

## 第13章 立体化学

13・1 立体構造と立体構造式………112
13・2 立体異性体Ⅰ－鏡像異性体－…114
13・3 光学活性体………………………116
13・4 立体配置と
　　　 フィッシャー投影式………117
13・5 立体異性体Ⅱ
　　　 －ジアステレオマー－………119
13・6 環式化合物の立体化学………120
　　　 この章のまとめ…………………122

## 第14章 有機化合物の反応

14・1 官能基……………………………123
14・2 いくつかの官能基の働き……126
　　　 この章のまとめ…………………136

## 第15章 糖　質

15・1 単糖……………………………138
15・2 オリゴ糖（少糖）………………143
15・3 多糖……………………………144

## 第16章 脂　質

16・1 油脂……………………………148
16・2 リン脂質………………………150
16・3 テルペノイド，ステロイド，
　　　 プロスタノイド………………152

## 第17章 アミノ酸とタンパク質

17・1 アミノ酸………………………157
17・2 ペプチド，タンパク質………161
17・3 酵素……………………………167

## 第18章 核　酸 ……170

問の答のヒント ……177

参　考　書 ………………………………179
索　引 ……………………………………183

# 第 1 部
# 医療と化学の接点－化学の基礎

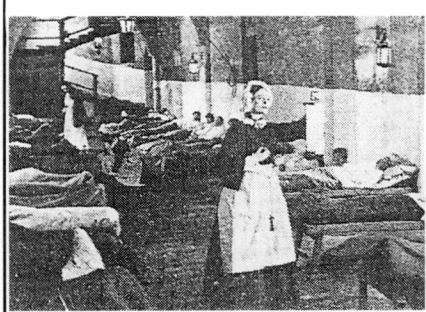 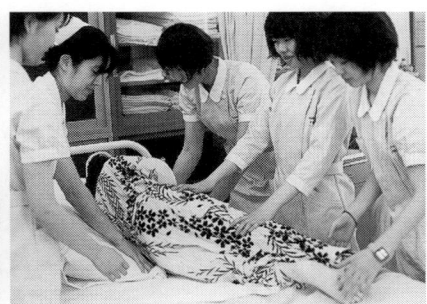

## はじめに

「十九世紀の医学の急速な発展は，三人の偉人によって成し遂げられた．だがこの三人とも医師ではなかったのである．この三人の偉人とは，すなわちフローレンス・ナイティンゲール(1820-1910)，ルイ・パストゥール（1822-1895），コンラート・ヴィルヘルム・レントゲン（1845-1923）である．ナイティンゲールは看護婦，パストゥールは微生物学者・化学者，レントゲンは物理学者であった．」

この文章はあちこちで目にするものですが，そもそもの出典ははっきりしません．本によってはレントゲンの代わりに進化論のダーウィンが入っているも

---

扉写真　左：野戦病院でのナイティンゲール．右：現代の看護学生（介護実習の様子；日本赤十字看護大学提供）．

の（リチャード・ゴードンの『世界病気博物誌』（時空出版）など）もあります．

　ところで，昨今のマスコミをにぎわす記事の一つに「医療ミス（英語でいうと malpractice）」問題があります．中でも，呼吸装置の加湿器に加える水と薬用アルコールを間違えたとか，抗凝血剤のヘパリンと消毒薬のヒビテンを取り違えて点滴してしまったとか，紙包みになっている解熱剤と劇薬のアジ化ナトリウムを間違えて患者に服用させたとか… いずれもかなり有名な大病院でのでき事です．

　このようなヒトの生命を左右してしまうほどの重大なミスの度重なる出現は，前述のような先人の貢献をまったく身につけず，薬品や重要な化合物についての知識をほとんど欠いた看護スタッフが，全国各地で大量に養成されていることを物語っているとしか思えません．

　新しい医療機器や使える薬品の種類も，ナイティンゲール女史が活躍したクリミア戦争（1854-1856年）当時に比べたら，飛躍的に数多くなりました．そのために，実力不足気味の医療スタッフは，ちょうど昨今のギャルたちが「ケータイの奴隷」と化してしまっている（かのライアル・ワトソンが『シークレット・ライフ』（ちくま文庫）の中でかなり以前にいみじくも指摘しています）ように，マシンにこき使われてしまっていると極言される大権威も少なくありません．これはもちろん，「技術」偏重のために「科学（サイエンス）」がなおざりにされた結果でもあります．

　昨今の不勉強な政治家や財界の面々がよく「科学技術」と一緒くたにしていうので，野依良治先生あたりに新聞紙上で叱られたりしていますが，「科学」と「技術」は本来別次元のものです．いくら最新のことでも，単なる「技術」はカネにはなるかもしれませんがすぐに古びます．一方の「科学」は絶え間なく再生産されるもので，その結果が新しい「技術」を発展させていくのです．だから大元の「科学」をないがしろにしたら，昨今とかく重視されている「心のケア」などできるわけがありません．本当の意味の心のケアを意図するのであれば，すぐ時代遅れになりやすい「技術」ばかりを身につけるよりも，世界の人間を相手にする強力なコミュニケーションツールである「自然科学」をなおざりに

はできません．まして看護や医療関係の道に進まれる諸兄姉は，「国際化」というのが，昨今の政治家各位のように「単に英語ができること」だというのでは困るのです．薬剤や栄養，消毒などあらゆる分野において，化学式や構造式などは，英語などまったく通用しない世界でもきわめて強力な意志疎通の手段であることは，将来ある諸兄姉には是非とも心に留めておいてほしいものです．

『サザエさん』を長年にわたって描き続けられた故 長谷川町子女史が，かつてヨーロッパツアーに参加されたとき，ジュネーヴでオキシフルが必要になり，ホテルの近くの薬局に駆け込んで身振り手振りを交えて交渉したけれどもちっとも埒があかない．とうとうその昔福岡の女学校で習ったことを思い出し「$H_2O_2$！」といったら，店主はニコニコと笑ってたちまちにして用が足りたという経験談を，たしか『サザエさんうちあけ話』の中に巧みなイラストとともに記しておられました．化学式が万国共通であることをこれほど巧みに紹介してくださった例はちょっと他にはありません．ましてや表向きは「英語」の通じるはずの各国でも，薬剤や化学薬品の名前ですら，呼び方にはずいぶんお国ぶりがあったり，業界用語や俗語がありまして，ふつうの英語の先生（ネイティヴ・スピーカーでも）ではちょっとカヴァーしてくだされそうもないのです．専門家として世に立つためには，是非ともこのような事柄を身につけてください．そうすれば，現代に生きる人たちに有効なほんとうの「心のケア」を，十二分に実行することができるはずです．

現代の医療や看護に不可欠となっているいろいろな機器や薬剤，治療や検査の手法なども，みなそれなりの由来をもっています．実力不足気味の医療・看護スタッフだと，やたらに高圧的な説得になってしまうというのは，以前にさる有名新聞の投書欄でも拝見したことがありますが，化学の目で多少なりとも理解を深めてあれば，患者さんに接するときにも，自信をもって親切に話すことができるはずです．

ところで，高等学校で「ゆとり」と称するカリキュラムが採用されるようになった昨今，いくつかの定評ある看護・医療コース向けのテキストを調べてみたところ，専門課程で要求されている著しく高度なレベルと，高校で履修され

るはずの内容とのズレが，執筆者の大先生方にほとんど認識されていないことと，もう一つは「何のために必要となるのか」という視点からの言及がほとんどされず，その昔の物理化学ショーヴィニズム（至上主義）が生きている，理路整然としてはいるもののきわめて魅力に欠けたものばかりであることを発見して，いささか驚かされた次第です．これでは「何のために看護大学で化学が必要なのか？」という質問が出ても不思議はありません．

　レントゲンやPETやMRIはもとより，消毒，殺菌，麻酔，透析，血圧のコントロール，免疫治療，放射線治療，薬剤の血中濃度モニタリングや血液像診断そのほか，化学の基礎がなくてはどうしようもない分野が著しく増えているのに，ほとんどのテキスト類ではこれらについてまったく言及されていません．本書ではこのような分野について，看護や医療の現場でいかに役立っているかをなるべく漏れのないようにふれてみることにしました．もちろん限られた紙面ですから完璧は望めないのですが，従来の数多い四角四面のテキストよりは少しでも読者諸兄姉のためになろうかと考えた末のものなので，もし不足であれば，巻末に示した参考書を参照されるなり，先輩や恩師などのエキスパートに尋ねるなりすることが可能となると存じます．

　現在では，ほとんどの看護系のコースの化学の授業が一学期分になってしまっているので，教える方にしても，また教わる方にしてもよけいにこの不満が大きくなっているのですが，限られたワクの中で努めて多くの話題について言及することにしました．

# 第 1 章

# エネルギーと原子構造　—X 線, $\gamma$ 線—

## 1・1　X 線のエネルギー

　現在の医療診断に欠かせないエックス線（レントゲン線）は，今から約百年ほど前（1895），ドイツのヴュルツブルク大学のレントゲン（1845-1923，1901年に第1回ノーベル物理学賞を受賞）が偶然のことから発見したものである．このニュースは，インターネットや国際電話もなかった当時でも，きわめて短時間の間に世界中に広まった．正体が不明だったので「X 線」という名がついたが，その後 20 年ほどして，これはいろいろな元素の原子の中から出てくるもので，その性質も元素ごとに違うことも判明してきた．（これは X 線が波であることと，その波長測定が可能になって初めてはっきりしたのである．）

　これを元として，原子物理学や量子力学がようやく確固たる基礎を得て急速に発展したのであり，わが国の一部のテキストや解説書によくあるように，「量子力学などの近代物理学のおかげで，化学も生物学も初めて発展することができた」というのは真っ赤なウソである．19 世紀の物理学は化学に対してほとんど貢献できなかったし，生物学や医学に対してはもっと無力であった．

　現在ではこの X 線もいろいろな電磁波の中の一つであることが判明している．科学研究用にふつうに使われる X 線は，銅やモリブデンなどから発生する波長がほぼ 1 オングストローム（1 Å），つまり 1 億分の 1 センチメートル（= $10^{-10}$ m）のもの，一方，医療診断に用いられる X 線は，タングステンの陽極を用いるのがほとんどで，これだと波長は 0.2 オングストローム程度となる．

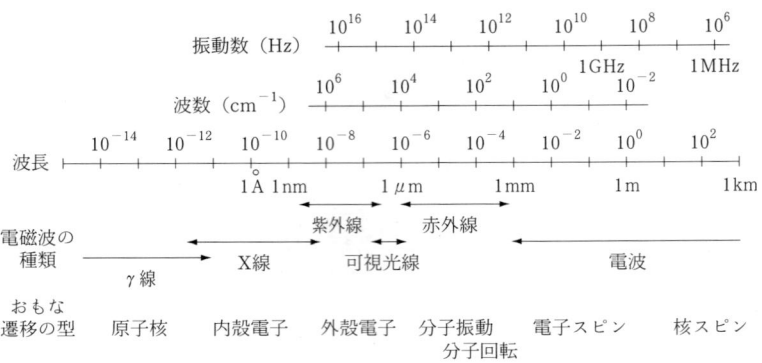

図 1・1　電磁波の分類と波長とエネルギーの換算図

　やがて，光も電波も赤外線もみな一つながりの電磁波で，それぞれのエネルギーの大きさが異なるだけであることと，そのエネルギーはプランク定数と呼ばれる $h$ と波長の逆数（振動数）の積で表現できることも判明した．

　電磁波は**図 1・1**のように，以前はもっぱら波長によって分類されていたが，現在ではむしろエネルギーによる区分のほうがいろいろな方面で便利なので，両方が併用されている．おおよそのところ図 1・1 の概念図のようになる．波長が大きいほどエネルギー（振動数）は小さくなる（反比例する）ことがわかる．

　電磁波のエネルギーの換算には，波数（wave number）を用いると便利である．これは 1 センチメートルあたりの波の数，つまり波長をセンチメートル単位で測ってその逆数をとったもので $cm^{-1}$ として表す．この単位を「カイザー」と呼ぶこともある．これは 19 世紀の分光学の開拓者だったドイツのボン大学教授の H. G. Kayser（1853-1940）の名にちなんでいるのだが，英語圏ではあまり使われないようである．

　もう一つの便利な単位として「電子ボルト（electronvolt, eV）」がある．これらの換算表を**表 1・1**に書いておく．これと，栄養学や代謝などでわれわれが使うジュールやカロリーとの換算係数も併記しておこう．この表は，原子や電子などの粒子 1 個あたりと，われわれがふつうに使うモル単位への換算にも便利なようにつくってある．

## 1・1 X線のエネルギー

**表 1・1** いろいろなエネルギー単位の換算表

|  | 1 erg molecule$^{-1}$ | 1 J molecule$^{-1}$ | 1 J mol$^{-1}$ |
|---|---|---|---|
| 1 erg molecule$^{-1}$ | 1 | $10^{-7}$ | $6.02245 \times 10^{16}$ |
| 1 J molecule$^{-1}$ | $10^7$ | 1 | $6.02245 \times 10^{23}$ |
| 1 J mol$^{-1}$ | $1.66045 \times 10^{-17}$ | $1.66045 \times 10^{-24}$ | 1 |
| 1 cal mol$^{-1}$ | $6.9473 \times 10^{-17}$ | $6.9473 \times 10^{-24}$ | 4.184 |
| 1 eV molecule$^{-1}$ | $1.602177 \times 10^{-12}$ | $1.602177 \times 10^{-19}$ | 96485.3 |
| 波数 (cm$^{-1}$) | $1.9863 \times 10^{-16}$ | $1.9863 \times 10^{-23}$ | 11.98266 |
|  | 1 cal mol$^{-1}$ | 1 eV molecule$^{-1}$ | 波数 (cm$^{-1}$) |
| 1 erg molecule$^{-1}$ | $1.4394 \times 10^{16}$ | $6.2418 \times 10^{11}$ | $5.03411 \times 10^{15}$ |
| 1 J molecule$^{-1}$ | $1.4394 \times 10^{23}$ | $6.2418 \times 10^{18}$ | $5.03411 \times 10^{22}$ |
| 1 J mol$^{-1}$ | 0.23901 | $1.3642 \times 10^{-5}$ | 0.0835935 |
| 1 cal mol$^{-1}$ | 1 | $4.3363 \times 10^{-5}$ | 0.349755 |
| 1 eV molecule$^{-1}$ | 23060.5 | 1 | 8065.54 |
| 波数 (cm$^{-1}$) | 2.8591 | 1.239842 | 1 |

分子(粒子)やモル単位でのエネルギーの換算表である。ここの mol$^{-1}$ はモル単位，molecule$^{-1}$ は粒子単位である．

いまのタングステンの X 線（$K_\alpha$）のエネルギーは，波長が 0.2 オングストローム（20 ピコメートル）だとすると，波数は $5 \times 10^8$ cm$^{-1}$ となる．1 eV がほぼ 8000 cm$^{-1}$ だとすると，60 keV ぐらいになる．

〔演習問題〕

高速道路の照明などに用いられるナトリウムランプの黄色の光は，ナトリウム原子の発光を利用したものである．この光の波長はほぼ 589 nm，つまり $589 \times 10^{-9}$ m ($= 5.89 \times 10^{-5}$ cm) だが，どのぐらいのエネルギーをもっているか計算せよ．

まず 1 cm あたりにいくつの波が入るかを計算すると，

$$\frac{1}{5.89 \times 10^{-5}(\text{cm})} = 1.698 \times 10^4 \text{ (cm}^{-1}\text{)}$$

先の換算表を参照すると，1電子ボルトは 8066 cm$^{-1}$ にあたるので，これはほぼ 2.10 eV に等しいことになる．

可視光線は，波長にして 700-350 nm（昔風には 7000-3500 オングストローム）なのだが，これは電子ボルトに換算すると 1.77-3.54 eV にあたる．

## 1・2 ボーアの原子モデル

いまの特性X線や，可視部や紫外線領域に現れる原子のスペクトルなどが，それぞれに特定の波長をもつシャープな線スペクトルの形となることは，昔風の古典電磁気学ではどうしても解明できなかった．正電荷を帯びた原子核のまわりに負電荷を帯びた電子が周回しているとすると，この間には引力が働くわけで，両者の間の距離はどんどん縮まり，最後には正負の両電荷が衝突するはずである．だから原子が安定に存在することなどできないし，この電子の運動に伴って発生する電磁波は一定の波長をもたずに，連続スペクトルの形となるはずである．デンマークのニールス・ボーア（1885-1962，1922年ノーベル物理学賞受賞）は，いささか破天荒ともいえる簡単な原子モデルを1913年に提案し，これを巧みに説明したのである．

ボーアのモデルでは，一番簡単な水素の原子（陽子1個の原子核と，そのまわりをめぐる電子1個だけの系）において，電子が安定に存在できるのは，ある特定のエネルギーをもった軌道だけだとする．すると，この軌道間での電子の移動（遷移）にともなって，ある定まったエネルギーが光子（フォトン）の形で出入りすることになる．これによって，水素原子の放出するいくつかのスペクトル系列（紫外，可視，赤外領域）が巧みに表現できたし，もっと原子番号の大きい元素の場合には，エネルギーが大きくなって（波長が短くなって）X線となることも，のちにシュレーディンガー（1887-1961，1933年ノーベル物理学賞受賞），ハイゼンベルク（1901-1976，1932年ノーベル物理学賞受賞）の手によって大きく発展した量子力学によって判明した．ただ，実際には電子はある特定のエネルギーをもつ軌道のようなもの，つまりオービタルに存在

し，それぞれの空間的存在確率は波動関数と呼ばれる複雑な数式で表現される．だが，ここからあとではこの「波動関数」が必要になるのは化学結合のところだけだから，ここではあまり詳しくはふれないことにする．

## 1・3　特性X線

　元素ごとに放出されるX線の波長は違う．これと原子番号との間に簡単な関係があることは，イギリスのモーズレイ（1887-1915）の発見（1913）になる．これによって「原子番号」の重要性がようやく認識されたのだし，また量子力学の確固たる基盤が築かれたともいえる．この特性X線によって新元素の発見，確認が行われた例もいくつもある．つまり物理学が近代化学に貢献できるようになったのはここからなのである．特性X線の波長を$\lambda$，原子番号を$Z$，光速度を$c$としたとき，

$$\lambda = \frac{c}{(AZ-B)^2}$$

一次関数として表せるように変形すると

$$\frac{1}{\sqrt{\lambda}} = aZ - b$$

のようになる．これが「モーズレイの法則」で，$a$, $b$は下のように系列ごとに異なった定数値である（**表1・2**）．

　さらにN，O系列も測定されているが，元素の数はそれほど多くない．

　これで，特性X線の波長から，新元素の位置（原子番号）が何番目であるかということが確定できるようになったのである．ハフニウムのようにこれから

表1・2　「モーズレイの法則」での$a$, $b$の値

| | $a$ | $b$ |
|---|---|---|
| K 系列 | 2820.56 | 1971.82 |
| L 系列 | 1395.35 | 12692.91 |
| M 系列 | 698.84 | 13853.41 |

（$\lambda$をメートル単位としたとき）

新元素であることが判明したものもあるし，キュリー夫妻の発見したラジウムも，化合物がつくられてからまもなく特性X線の測定が行われ，88番元素であることが確定した．ほかにもいくつもの例がある．

## 1・4　原子のスペクトル

　通常の化学反応は，ほとんどが原子の一番外側にあるオービタル（よく価電子オービタルという）の電子の出入りによるが，これに相当するエネルギーは，昔風の表現によると1モルあたり約100キロカロリーの桁にあたり，今の電子ボルトスケールだと数eVぐらいに相当する．日焼けや雪焼けを起こす紫外線はだいたいのところ300 nmぐらいの波長のもの（UV-B）だが，これは波数にすると$3.33×10^4$ cm$^{-1}$，電子ボルトに換算すれば約4.0 eV，つまり100 kcal/molぐらいにあたる．つまりこのぐらいになるとふつうの可視光線のもとでは起こりにくい化学反応も簡単に起こるようになる．中には身体に有害な反応の起こる可能性もあるので，ヒトの皮膚にはこのような有害な紫外線をシャットアウトするような色素が生じ，そのために「日焼け」となり，紫外線の悪影響を最小限にとどめるようになっている．

　ふつうの可視光線のもとでは起こらないような反応も，紫外線を照射すると簡単に起こる例は少なくないことも，このエネルギーの面から考えれば推測がつくであろう．

## 1・5　原子核と放射線

　原子核は陽子と中性子からできている．これらを一緒にして，「核子（nucleon）」ということもよくある．「核種」という場合には，原子番号（陽子数）$Z$と核子数（質量数）$A$で特定される原子（ときには原子核）の集合を意味する．これを表現するには次頁のように，元素記号の左上に質量数，左下に原子番号を記す．ただ，原子番号と元素記号は一対一に対応しているから，単に

元素記号の後に質量数を記す例も多い．これはワープロソフトなどで添え字を上下に揃えて印刷するのが難しい場合などによく用いられる書き方である．たとえばウランの質量数238の同位体なら

$$^{238}_{92}U \qquad U-238$$

のようになる．

　核種の中には，不安定で放射線を出して他の核種に壊変するもの（放射性核種）と，安定で変化しないもの（安定核種）とがある．同じ元素で質量数の違う核種は「同位体（isotope）」と呼ばれる．昔は「同位元素」と呼んだこともある．病院などでおなじみの「アイソトープ」は，大部分が「放射性同位体」である．

　同位体は，物理的性質には差があるが，化学的な性質にはほとんど差がない．ここで「ほとんど」というのは，生物の代謝過程などではきわめて微妙な差があることが，安定同位体組成比の精密測定が可能になるとわかってきたからである．炭素や窒素などの安定同位体はどちらも2種類あるが，この相対比の微妙な差から縄文人の食生活を推定しようという試みがなされたり，原生代の化石らしいものに含まれる炭素の同位体比から，生物起源であることが確かめられた例もある．また，鉛のような放射性元素の壊変の最終生成物では，産地によって組成比に違いがあり，これをもとにわが国で出土した青銅製品（銅鐸や鏡など）の原鉱の産地の推定がなされたことも有名である．

　放射性の核種は，時間とともに壊れてもっと安定な核種へと変化する．この過程を「壊変（decay）」という．（物理系の本では「崩壊」と書いてあるものもあるが，これははるか昔の用語である．）

　この壊変の様子は簡単な微分方程式で表される．これは「一次反応」の速度式や，体内の代謝による薬物のクリアランスなどを表現する式とほとんど同じなので，ここでやや詳しく説明しておく．

　放射性の核種は，ある時点で存在する核種の一定の割合がランダムに壊変する．これは化学反応における一次反応と同じように扱えるし，体内の薬物濃度の変化も同様である．これは次のような微分方程式で表現できる．

$$\frac{dN}{dt} = -\lambda N$$

ここで $N$ が核種の数，$\lambda$ は定数で，壊変定数と呼ばれ，時間 $t$ の逆数の次元をもつ．この式の左辺は，ある時刻における微少時間あたりの壊変数を意味し，これが $N$ に比例することがわかる．右辺の符号がマイナスなのは，減少していることを意味している．

簡単な数学のテキストを参照すればいいが，これをふつうよく使う（微分を含まない）形に直す（これを「微分方程式を解く」という）と

$$N = N_0 \times e^{-\lambda t} \quad (e \text{ は自然対数の底})$$

両辺の対数（自然対数）をとると

$$\ln N = \ln N_0 - \lambda t$$

となる．つまり縦軸を対数目盛にとった方眼紙（半対数方眼紙）上で，時間 ($t$) を横軸に，粒子数 ($N$) を縦軸にとると，右下がりの直線が得られることになる．

放射能の場合，実際に測定できるのは壊変数なのだが，これは上の式にあるようにそのときに存在している核種の数に比例するのだから，この対数をプロットすることになる．といっても，自然対数尺度では（コンピュータなら簡単にやってくれるが）プロットが厄介なので，通常は常用対数に変換する．計測値は十進法で測られるからである．こうすると

$$\log N = \log N_0 - 2.303\,\lambda t$$

のようになる．これでふつうの半対数方眼紙上の傾きから壊変定数が求められる．一次反応速度を求めたり，クリアランスの解析を行うにもこちらの方がよく用いられる．

ただ，壊変定数は時間の逆数の次元なので，実用上は不便なこともある．そのために，放射能が半分になるまでの時間（これは $N$ には依存しない）をとってみる．つまり $N = (1/2)\,N_0$ とするのである．このときの時間を半減期という．通常は $t_{1/2}$ で表す．

$$\log \frac{N_0}{2} = \log N_0 - 2.303\,\lambda t_{1/2}$$

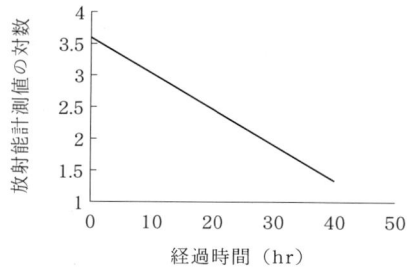 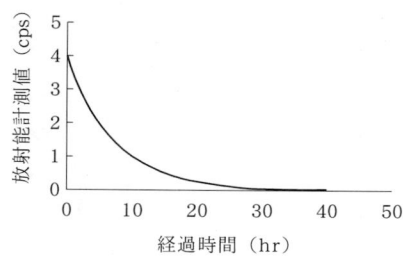

**図 1・2** 放射壊変の図
半対数表現（左）とふつうの表現（右）

これから

$$t_{1/2} = 2.303 \log \frac{2}{\lambda} = \frac{0.69316}{\lambda}$$

となることがわかる．0.69316 は $\ln 2$ である．だから，$\lambda$ が $s^{-1}$ 単位だったとすると，半減期は s（秒）単位となるし，$yr^{-1}$ 単位であれば半減期は yr（年）単位となる．U–238 の半減期は 48 億年，F–18 の半減期は 112 分のようになる．半減期の 10 倍の時間が経過すると，粒子数は $2^{-10}$，つまり 1/1024 となる．通常の診断や医療などにはなるべく半減期の短い放射性核種を用いるのはこのためで，あとで身体に悪影響を及ぼすことをできるだけ回避するのである．

「なんでわざわざ対数尺度を用いるのか」という質問がよくあるが，直線関係がきちんと成り立てば，特定の時点における値の予測が正確に可能となるためである．たとえば放射能の測定の場合，計測が可能となるのは当然ながらある程度時間が経ってからである．そうすると，最初にどのぐらいあったか（これはきわめて重要）を精密に求めるには，ふつうの尺度だとカーブのきつい曲線となるので誤差がきわめて大きいし，近似曲線も一つには定まらない．直線関係であればずっと精密に推算が可能だし，逆に未来の特定の時点における量や濃度などを推算することも確実に可能である．体内に摂取した薬物や毒物などの濃度変化だって，いい加減な曲線で近似するよりもずっと精密な予測ができる．受験専門の数学教師たちは，対数計算は入試に出ないからといって軽視（ときには無視）しているが，看護・医療にあたられる諸兄姉にとって，この対

数を使う計算は実用上きわめて大事である．是非この使用に熟達してほしい．安物の関数電卓が一つあればいくらでも利用できる．

昨今の生化学のテキスト（内外を問わず）のクリアランスの項など，対数尺度を使わないために奇妙なカーブを含むグラフばかりで，理解に苦しむような難しい説明を重ねているものも少なくない．

## 1・6　核種の表現，半減期

「アイソトープ治療」というのは，現代の医療ではすっかりおなじみになった言葉のようである．だがこの「アイソトープ」が何を意味しているのかはかなり誤解が多いという．

19世紀の末頃に，キュリー夫妻（ピエール（1859-1906）1903年ノーベル物理学賞受賞，マリー（1867-1934）1903年ノーベル物理学賞，1911年ノーベル化学賞受賞）をはじめとする化学者たちが，放射性をもつ新元素を続々発見した．ポロニウムとラジウムはキュリー夫妻がウラン鉱であるピッチブレンドから分離したのだが，その後も続々と「新元素」が発見されたのである．ところが，これをメンデレエフ（1834-1907）が1858年に組み上げた周期表に並べようとすると，同じ位置にいくつもの元素を収めなくてはならなくなった．そこでギリシャ語の「同じ」を意味する「iso」と位置「topos」から「isotope」という言葉がつくられ，日本語も「同位元素」となった．

ところが20世紀になって，原子核についての物理学的研究手段が新しく開発されると，この「同位元素（アイソトープ）」は，原子核の中の陽子の数が等しくて，中性子の数が異なるもの（つまり「同じ元素」）であることが判明した．しかも最初は「放射能」のあるものばかりだったのだが，やがて安定な原子核でも中性子の数が違うものがあることもわかった．

陽子の数と中性子の数の和を「質量数」といい，通常は$A$で表す．陽子の数は原子番号（$Z$）に等しいので，$Z$が同一で$A$の異なるものを「アイソトープ」ということになる．日本語訳も「同位体」となったが，お役所などは以前に制

定した名称などを変えたがらないので，いまでも「同位元素研究施設」などというところがあちこちにある．

「元素」とは，原子番号が同じ同位体の集団を意味するので，もっと細かく論じるには原子番号と質量数の両方が必要となる．この両方で特定できる原子のことを「核種（nuclide）」という．こちらを使うと

『核種とは，原子核中の陽子の数と中性子の数で特徴づけられる原子の集合を意味する．』

ということになる．陽子の数と中性子の数の和は質量数だから，「原子番号と質量数」で特徴づけられるといってもよい．すると

『元素とは，$Z$ の同一な核種の集合である．』

ということになる．

放射性核種の出す放射線は，キュリー夫妻のころから3種類あることがわかっていた．それぞれが $\alpha$ 線，$\beta$ 線，$\gamma$ 線と呼ばれていた．$\alpha$ 線はプラスの電荷をもち，$\beta$ 線はマイナスの電荷，$\gamma$ 線は電荷をもたない．

やがて，$\alpha$ 線の正体はヘリウムの原子核，$\beta$ 線は高エネルギーの電子の流れ，$\gamma$ 線は高エネルギーのフォトン（光子），つまり波長の短い電磁波であることがわかった．さらに $\beta$ 線には2種類あって，通常の電子（マイナスの電荷をもっている）とは逆のプラスの電荷をもつ「陽電子」もあることがわかった．

ある元素の同位体を質量数の順に並べてみると，安定核種よりも質量数の小さいものは，陽電子を放出して原子番号の小さい核種へと壊変していくが，質量数の大きいものはふつうの電子（陰電子）を放出するので，原子番号の大きい核種に変わる．

ただ，原子番号の大きな元素になると，陽電子を放出するよりも，一番内側にある軌道電子を捕獲してしまう確率が大きくなるので，陽電子放出は認められなくなる．この場合にはX線が放出されることになる．

## 1・7　核化学方程式

　キュリー夫妻の発見したラジウム（Ra-226）やポロニウム（Po-210）はどちらも $\alpha$ 線を放出するものであった．ここで $\alpha$ 線，つまりヘリウムの原子核が放出されるとどうなるかは，荷電と質量数（核子数）が保存されるのだから，それぞれ下のように書ける．

$$^{226}_{88}\mathrm{Ra} \rightarrow {}^{222}_{86}\mathrm{Rn} + {}^{4}_{2}\mathrm{He}$$

$$^{210}_{84}\mathrm{Po} \rightarrow {}^{206}_{82}\mathrm{Pb} + {}^{4}_{2}\mathrm{He}$$

質量数（核子数）と原子番号（陽子数）の合計が両辺で等しくなっていることがわかる．このどちらの場合でも，質量を比べると，左辺より右辺の方がきわめてわずかだが小さい．この差の分はエネルギーとして放出される．今の場合であればもっぱら $\alpha$ 粒子の運動エネルギーとなる．このように，それぞれの核種の間の関係を表したものを「核化学方程式」と呼んでいる．（受験時代からおなじみの「反応式」は，左右両辺が一致しなくともいいので，この場合なら「方程式」のほうがふさわしい．）

　他の核反応の場合にも同じように書けるので，これから未確認の生成核種を推定することもできる．たとえば 87 番元素のフランシウムが発見されたのは，89 番元素のアクチニウム（Ac-227）がわずかながら $\alpha$ 粒子を放出することからであった．つまり

$$^{227}_{89}\mathrm{Ac} \rightarrow \text{?} + {}^{4}_{2}\mathrm{He}$$

核化学方程式を完成させるには，「？」の部分には陽子数 87 で質量数 223 の核種が入る必要がある．これがフランシウム発見の端緒となった．

　同一元素の核種を質量数ごとに並べてみると，ほぼ中央に安定核種が位置し，質量数の小さい核種は陽電子放出を，質量数が大きい核種は陰電子（ふつうの電子）放出をしてほかの元素に転換する．もっとも，原子番号が大きくなると陽電子放出は起きにくくなって，代わりに核外電子を捉えてしまう「軌道電子捕獲（electron capture）」の方が起きやすくなる．このときには，内部軌道へ上の軌道の電子が落ち込むことによって生じる X 線が観測できる．

## 1・7 核化学方程式

陽電子はポジトロン (positron) といい，ふつうの電子 (陽電子と区別するときには negatron という) と質量はまったく同じで，電荷がプラスであることだけが違う．この両方が引き合って衝突すると，「電子対消滅」が起きて質量が光子 (電磁波) に変換される．アインシュタイン (1879–1955, 1921 年ノーベル物理学賞受賞) の導いた質量とエネルギーの間の換算の式 ($E = mc^2$) の通りに，エネルギーと質量は交換可能であることがわかる．このときに発生する $\gamma$ 線のエネルギーは簡単に求められる．われわれの世界にはふつうには陽電子はほとんど存在していないから，逆にこのエネルギーの $\gamma$ 線が検出されたとしたら，陽電子が存在したことがわかる．そのために陽電子を放出する放射性核種を含む化合物を体内に導入し，それから発生する $\gamma$ 線を検知することで，体内のどの部位に問題の化合物が集まっているかがわかる．

電子の質量は $9.1095 \times 10^{-31}$ kg (水素原子質量の 1/1837) であるから，この 2 個分の消滅質量に相当する光子 (フォトン) のエネルギーは $mc^2 = 2 \times 9.1095 \times 10^{-31}$ (kg) $\times (2.99792458 \times 10^8$ (m/s)$)^2 = 1.638 \times 10^{-13}$ (J) $= 1.02 \times 10^6$ (eV)，通常は 2 個の光子が出るので，この半分のエネルギー (510 keV) をもつ $\gamma$ 線が観測できる．これで陽電子が存在することが特徴的にわかるから，F-18 や Na-22 などの陽電子放射性の核種を含む化合物を注射して，体内における分布を調べる診断法がある．これが PET, すなわち「positron emission tomography」のアクロニム (頭文字略語) である．

この場合に用いられるのは，もともと核種の半減期が短くて，かつ体内における代謝速度も大きい (代謝半減期 (クリアランス) も短い) ものである．先にも述べたように，長時間にわたって体内組織から直接に放射線を浴びることになると，いいことは何一つないからである．

〔演習問題〕
陽子 1 個が完全にエネルギーに変換したとする．このエネルギーは電子ボルト単位ならいくつになるか？

〔**解答例**〕

アインシュタインの式通りでいいのだが,上に電子1個がエネルギーになったとき 510 keV (0.51 MeV) になるという結果が出ているのだから,これを 1837 倍すれば簡単に求められる.(プロトンの質量は電子の 1837 倍である.)ほぼ 930 MeV になるはずである.

## 1・8 放射線治療・診断に使う放射能と放射線

われわれの生活している温度範囲では,いろいろな物質のもっている化学エネルギーはそれほど大きなものではない. 1 モルあたりで数百から数千カロリー程度である.だからよほど不安定なもの(たとえば水素結合など)でないかぎり,化学結合が容易に切断されたりすることはない.

ところが,紫外線のような短波長の(つまりエネルギーの大きい)電磁波だと,もし標的とされたらその与える効果は桁違いに大きくなる.さらにもっと波長が短くなると,ほとんどの電磁波は通り抜けてしまうか,あるいは皮膚表面で反射されるばかりになる. X 線や $\gamma$ 線が診断に使えるのは,このような優れた透過能を利用しているわけである.

もちろん,ちょっとだけこのような放射線を浴びたとしても,生体中に悪影響を及ぼすようなことはない.何十億年という生命体の歴史において,ある程度までは自動的に修復する機能が備わっているからである.(昔の方が地球自体の放つ放射線の量はずっと多かった.)

だが放射線の線量が大きくなると,透過するだけではなくて媒質と反応するチャンスが増えてくる.生体内では,細胞分裂を盛んに行うような器官が放射線による傷害を受けやすい.だから骨髄や生殖器官などは放射線の影響をとくに敏感に受けることになる.一方では,ガン細胞のように細胞分裂のコントロールが利かなくなっているところへ放射線を当てる治療が行われる.

子宮ガンの手術後にラジウム針やラドン管などを治療目的で用いるのは,これらがきわめて薄いガラス製の入れ物に封じられているので,透過してくる $\alpha$

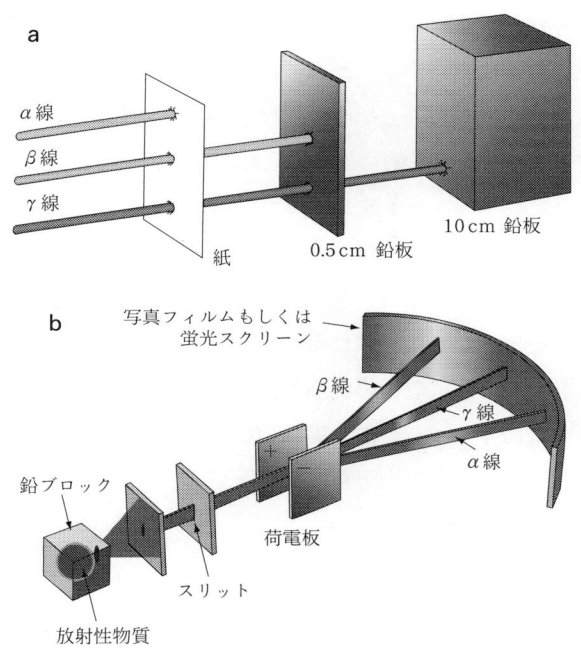

図1・3 3種類の放射線
a：透過性，b：電荷の違い

粒子がガン細胞を効率的につぶしてくれるからである．（ふつうの場合，α線は紙1枚で，β線は薄いアルミの板で遮ることができる．γ線となると，遮るには鉛の板やブロックが必要となる．）

## 1・9 放射線障害

わが国の新聞記者やTVレポータは，「放射能」と「放射線」をきちんと識別できない．そのために必要以上に一般の人の恐怖心をあおることになっているのだが，「放射能」とは放射線を放出する性質，およびそのような性質をもつ物質（放射性物質）を指し，英語の「radioactivity」に相当する．「放射線」とはα線，β線，γ線のほか，中性子線やX線をも含んでいる．ときには宇宙線など

に含まれるいろいろな高エネルギー粒子や，赤外線や電波までを包括していうこともある．こちらに相当する英語は「radiation」である．

　だから「放射能が漏れた」というのと「放射線が漏れた」というのはまったく違う事柄で，対処法も根本的に異なる．たとえば「X線の漏れが見つかった」なら，鉛などの遮蔽ブロックで遮るだけでいいのだが，「放射能が漏れた」というのであれば大ごとで，漏れの源である発生源をシールドして封じ込め，漏出した放射性物質をていねいに取り除き，あとをきちんとモニタして危険がなくなっていることを確認しなくてはならない．また「放射線を浴びた」場合と「放射能を浴びた」場合では，以後の医療処置も看護もまったく別になってしまうのである．原子力船「むつ」の洋上実験の折りに，この区別もできなかったマスコミのため，政府は多大の余分な出費を強いられた．

# 第 2 章

# 元素記号と化学式，化学結合

## 2・1　元素記号は万国共通

　よく「化学って元素記号を覚える（丸暗記する）だけでいいんでしょう？」と平然とのたまう学生さんがいる．だがほかの分野に置き換えてみたら，「国語はアイウエオを覚えるだけ」「数学はアラビア数字を覚えるだけ」「英語はアルファベットを覚えるだけ」になってしまうことになる．それなのにちっともおかしいと思わないのはなぜだろう．これは，各地の有名予備校などにいる「受験の神様」が，どうしようもなく愚かな受験生の「偏差値」を数点上げるために下されたご託宣を過大評価しているからでもある．

　元素記号や化学式は，英語などよりもはるかに国際的に広く通用するものであるということは，高校の先生方もこの種の受験界のボスも一切ご教示にならないらしい．国際化の喧伝されるこれからの世の中で活躍される諸兄姉にとっては，この便利さをまったく無視するのは何一つプラスにはなるまい．

　現在われわれが利用している元素記号は，1820年頃に，スウェーデンの大化学者ベルツェリウス（1779–1848）が，当時のヨーロッパで混乱をきわめていた元素や化合物の表記を標準化しようと考えて，学問の世界の共通語であるラテン語（生物の分類名など今でもラテン語が使われている）によって元素名を表記し，この省略形を使って元素それぞれを表現できるように提案したのが源である．それ以前は錬金術時代からの奇妙な記号も相変らず使われていたが，同じ記号で表してあっても，同一のものを指すとは限らなかった．生物学で雌雄

を表すために使われる♀♂も，島津家の紋所である丸の中に十の字を記したものも，もともとは占星術の記号であったが，元素記号に流用されたこともある．

わが国最初の化学書である『舎密開宗（セイミかいそう，セイミはオランダ語のchemieの音訳である）』は，津山藩の御典医であった宇田川榕庵（1798-1846）が，気体の溶解度の法則で今日にも名を残しているイギリスのW．ヘンリー（1775-1836）のテキストの蘭訳本から日本語に直したものだが，この原本は1812年の刊行なのでまだ元素記号はない．現代でも使われている「酸素」や「水素」などは，榕庵がオランダ語から意味を取って苦心してつくった訳語だが，大部分の元素は「安質母紐母（アンチモニウム）」「格魯密烏母（クロミウム）」などの万葉仮名による当て字になっている．幕末から明治の初めごろに化学を学ぼうとした先人たちは，このような漢字の列を暗記するところから始めなくてはならなかったのである．

だが現代の諸兄姉なら，こんな七面倒くさい漢字表記よりも，万国共通でかつ簡潔な元素記号をどんどん使っていれば，別に暗記などしなくともすぐに身に付くものである．このように便利なものなのに，受験界の自称エキスパートがやたらに暗記を強いるのは，自分の実力不足（つまり実際に使って役立てられない）を隠すためである．

TVタレントたちはカタカナで書いてあるとみな「エイゴ」だと思っているようであるが，元素名も元素記号もラテン語由来だから，英語とは一致しないものがいくつもある．金や銀，水銀は英語ならgold, silver, mercuryだが，元素記号はそれぞれAu, Ag, Hgとなっている．ラテン語のaurum, argentum, hydrargyrumが源だからである．

生体でも重要な「ナトリウム」と「カリウム」はラテン語のままだが，英語ではそれぞれ「sodium」「potassium」である．日本語の元素名がドイツ語由来のものもかなりあるのだが，これはドイツ語とラテン語の元素名が似たものであるときに，短くて簡単なドイツ語の方を明治の先人が採用したためらしい．「チタン」「マンガン」「モリブデン」「ランタン」などがそうである．

元素記号を使うと，いろいろな化合物の組成や構造を正確に表現できるの

で，世界中で共通の情報伝達ツールとなった．「はじめに」で紹介した長谷川町子女史のエピソードは，これがいかに有効であるかを巧みに紹介してくださったものである．

## 2・2　化 学 式

　以前の化学者は，未知の化合物が出てくると，まずどのような成分（元素）が含まれているか，次にそれぞれの割合はどうなっているかを定めるところからスタートした．現在でも道具立てが新しくなっただけで，未知の対象についてはここから始まることには変わりはない．元素組成（重量比）には一定の比例関係があることが今から二百年ほど昔にわかってきて，それならば，それぞれの元素の最小単位（つまり原子）にふさわしい質量を割り振ると，あとは原子の個数を書けばいちいち「何が何パーセント」という数値を列挙しなくともすむ．ここで求められるのが「組成式」である．

　典型的な例として，水と過酸化水素を取りあげよう．どちらも水素と酸素だけからできている化合物であるのだが，百分率組成は

|  | 水素 | 酸素 |
|---|---|---|
| 水 | 11.11（= 2/18） | 88.89（= 16/18） |
| 過酸化水素 | 5.88（= 2/34） | 94.12（= 32/34） |

この百分率組成を睨んでもすぐには規則性がわからないが，水素の方を基準にとってみると

|  | 水素 : 酸素 |
|---|---|
| 水 | 1 : 8 |
| 過酸化水素 | 1 : 16 |

となっていることがわかる．この水素 1 g とちょうど反応する各元素や化合物の質量を「当量（equivalent）」と呼んだ．

　最初の頃は，大先生がそれぞれにほかの元素の原子量（実は「当量」）を基準に決めていたし，原子量と当量の比がなかなか決まらなかった元素も少なくな

かった．やがて酸素の原子量を16とし，これを基準にしようということになった．

すると水の組成式は$H_2O$，過酸化水素の組成式はHOということになる．やがて酸素の原子価がいつも2であることも判明した．ほかのいろいろな情報と突き合わせると，水は水素原子2個と酸素原子1個（つまり上の通り），過酸化水素は水素原子2個と酸素原子2個からできていることがわかって，分子式が定まったが，化学記号を使うとそれぞれ

　　　　　　　　水　　　　　　$H_2O$
　　　　　　　　過酸化水素　　　$H_2O_2$

となる．このように記すだけで，上に述べたようなやっかいな概念をすべて包括して，さらに先に展開することができるようになった．


## 2・3　化学結合のいろいろ

現在のところ知られている化合物の数は一千数百万種（もっともこれは正確には「化学種の総数」で，合金やポリマー，イオンなどの一切をも含むのであるが）である．これらの化合物の中で，原子同士がまとまって存在しているから，いろいろと多彩な性質が現れることになる．この原子をつないでいるのが「化学結合」であり，その中で重要なものを下に示そう．


### 2・3・1　イオン結合

平素からおなじみの化合物の中で重要なものに食塩，すなわち塩化ナトリウムがあるが，これはナトリウムの陽イオンと塩化物の陰イオンから構成されていて，反対符号のイオンの間には静電引力が働いている．NaClという分子があるわけではない．固体として単離した場合には当然ながら電気的に中性となっているから，それぞれの符号のイオンの電荷の総和は相等しい．構造を決めているのは主としてイオンの大きさ（つまり半径の比）と電荷であるが，電子雲の変形のしやすさも大きく影響する．水のように誘電率の大きな液体のな

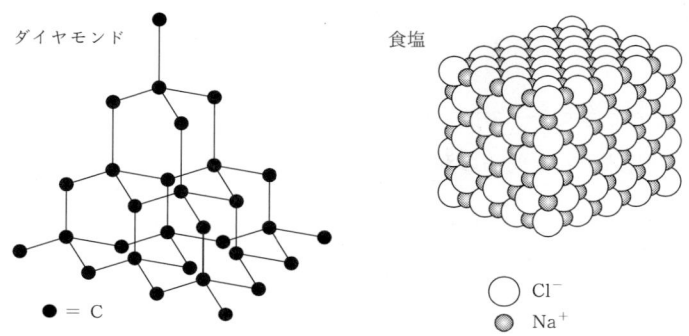

**図2・1** ダイヤモンド（共有結合）と食塩（イオン結合）の構造の略図

かでは，陽イオンと陰イオンの間の静電引力は大幅に減少するので，ふつうの場合には両者のイオンはバラバラになって溶解するのだが，ハロゲン化銀などのように，水ではまだ十分に静電引力を減らせないほど強力な結合の場合には当然ながら不溶のままとなる．

### 2・3・2 共有結合

多種多様の有機化合物がつくれるのは，炭素 ── 炭素，あるいは炭素 ── 水素の結合において，結合の両方の原子からそれぞれ結合電子各1個が提供されて結合オービタルに電子対ができ，全体として閉殻構造（希ガスと同じような電子構造）ができるためである．この場合，2個の電子の対は両方の原子にともに所属すると考えられるので「共有」結合と呼ばれる．原子間を直線で結んで表現するが，この直線のことは「価標」という．

だが，ふつうには両方の原子の電子の引きつけ方には差があり（著しく異なって片方に完全に引き寄せられると「イオン」となってしまうのだが），そのために電子が余分にいる方が「マイナス」，あまりいない方が「プラス」の部分電荷をもつようになる．こうなったものを「極性共有結合」という．本来の理想的な共有結合では電荷の片寄りはない（等極性）のだが，このように片寄りが生じることを「分極」という．たとえば塩化水素HClの分子などではHとClの間の共有結合は著しく分極している．このような場合には次のように記す

ことがよくある．

$$\overset{\delta+}{\text{H}} - \overset{\delta-}{\text{Cl}}$$

共有結合でできた分子の間の引力は弱いので，イオン結合で生じた塩類よりも融点や沸点はずっと低いのがふつうである．

### 2・3・3 水素結合

水（$H_2O$）やエタノール（$C_2H_5OH$）は，ほぼ同じぐらいの分子量をもつ炭化水素に比べると著しく沸点が高い．これは分子同士の間に何か相互作用があって，気化してバラバラになるのを妨げているからである．これらにおいては，O—H結合（共有結合）が分極していて水素の方が部分的にプラス，酸素の方が部分的にマイナスの電荷を帯びているから，隣りにある分子との間に弱い結合が生じるのである．これが「水素結合」と呼ばれる．プラスに分極した水素が，電気的に陰性の大きな原子（マイナスに分極しやすい）との間に結合をつくるのだが，どんな原子でもいいというわけではない．通常の場合に水素結合の相手となるのは酸素や窒素などの原子である．でもどんな結合状態でも可能だというわけではない．官能基（第2部を参照）によって，できやすいものとできにくいものとがある．

タンパク質のヘリックス構造や DNA（デオキシリボ核酸）の塩基対の形成にもこの水素結合が重要で，このためにアデニンとはチミン，グアニンにはシトシンしか対を形成できないのである．

この結合はイオン結合や共有結合に比べるとずっと弱い．だから水も 100 ℃ で沸騰して水蒸気に（つまりバラバラの水分子に）なるのだが，O—H結合（共有結合）を分解するには，はるかに大きなエネルギーが必要である．（触媒などの反応を進めやすくするものがない条件で水を熱分解するには，1000 ℃近い温度が必要となる．）

### 2・3・4 配位結合

食塩水に硝酸銀溶液を滴下すると白色沈澱（沈殿）として塩化銀が生じるこ

とはすっかりおなじみのはずである．これに過剰のアンモニア水を加えたり，チオ硫酸ナトリウム水溶液を加えると，塩化銀は再溶解してしまう．これは銀のイオンとアンモニアやチオ硫酸のイオンとの間に新しい結合ができて，別の化学種（錯イオン）を形成するためである．このような化学種の場合には中心となる金属イオンに対し，配位子（リガンド）から電子対が送り込まれて結合ができる．よく矢印を使って

$$H_3N \rightarrow Ag \leftarrow NH_3$$

のように記すが，この向きは電子対の供与側から受容側へと記す．水素結合や極性共有結合も考え方によってはこの配位結合に含めることもできるし，そのように扱っている書物もある．

　配位結合で生成するものは，最初の頃はほとんどが複雑なイオンだけしか知られていなかったが，中性分子を生じることも少なくないために，両方を総称して「錯体」と呼ぶようになった．

　このほかにもまだあるが，必要ならばたくさんある物理化学のテキスト類を参照されたい．

# 第 3 章

# 原子と分子 —モル・当量・規定度—

　受験化学でみなさんのほとんどが躓くのがこの「モル」という言葉のようである．これはどうも現在の高等学校のテキストが物理化学的にヘンに厳密でありすぎるからだと，長年看護学生を教えてこられたさる才媛教授（もう名誉教授になられたが）が仰せられたのを拝聴したこともある．

　原子や分子を1個単位で扱うことは，超重元素の製造とか，ナノマシンを電子顕微鏡を使って作製するとき以外はまずない．それに実用上不便でもある．ふつうに測れる量でまとめて扱う方がずっと楽なので，そこで導入されたのがこの「モル」である．

　このモルとは，「原子量や分子量にグラムをつけたもの」というのが以前からの使われ方であった．諸兄姉の御両親の世代まではテキスト類に「グラム原子」とか「グラム分子」という言い方がよく出現していて，テキストや入試問題などでもむしろこちらの方がふつうであったと思われる．これは英語での gram atom, gram molecule の訳なのだが，意味するところは「原子量」グラム，「分子量」グラムであった．だから，アルゴン（Ar）1モルは40 g，水（$H_2O$）1モルは（$2 \times 1 + 1 \times 16 = 18$なので）18 gというわけである．なおふつうの英語では「mole」はモグラ，およびモグラ塚の意味で，アメリカの化学のテキストの中にはモグラを扉のイラストに描いているものもあった．つまり「一山いくら」を意味するものなのである．

　生物学や医学や看護学などの現場では，現実にはこれでほとんど不自由はない．だから，二酸化炭素1モルといったら44 g，エタノール1モルなら46 g，

グルコース1モルなら180gということになる．もっと正確な値が要求されるときには，それぞれの原子量を必要な桁数だけ使って，分子中に含まれる原子数を掛けて積和をとればよろしい．安物の電卓でも簡単にできる．

ただ，化学の扱う分野も広くなり，またもっと厳密なことが要求されるようになると，これでは不自由な場合がだんだん増えてきた．有機化合物ならまだ「分子」がきちんと存在しているが，塩化ナトリウムや硫酸マグネシウムなどには「分子」は存在しない．この場合には一番簡単な組成を表す式を「分子」に相当するものとして扱い，グラム分子量にあたる「式量（formula weight）」を使っていた．いまの「モル」を使うと，対象が塩だろうと分子性化合物だろうと元素そのものだろうと，一切区別がいらなくなる．

さらにもう一段広くした概念として，原子量や分子量などが存在しないもの（たとえば素粒子）でも同じように扱いたいという要求が出てきて，現在の「モル」の定義はここまでを包含できるように改められた．テキスト類にはこのような由来を一切無視して，「最新の定義」だけしか述べていない（これは「歴史」というと とたんにいやな顔をする学生さんが多いからだというのだが，これも受験界のボスどもがやたらに西暦年を暗記させるシステムの教育をしているからである）ので，初めて目にする人たちがかえって混乱してしまう．

現在のモルは「物質量の単位」となっていて，その意味するところは「定義された粒子の$L_A$個（アヴォガドロ定数，Avogadro constant）だけ集めた集団」ということになっている．つまり，分子でも原子でもこれだけの個数を集めると，分子量や原子量にグラムをつけた価の質量をもつものとなり，ふつうの天秤で測定可能となるということなのだ．

だが，便利な使い方の紹介もなしに，いきなりこんな物理学的な四角四面の定義を出されて「大事だからこの通り暗記しなさい！」なんて，受験界の神様モドキにいわれたら誰だってイヤになる．（高校のテキストは古い用語システムなので「アボガドロ定数」になっているが，外国の地名や人名の表記には，なるべく誤解を招かぬようにヴァ，ヴィ，ヴ，ヴェ，ヴォを使うのが望ましいという文部省（当時）のお達しがかなり以前に出ている．ただし昔風の用語を

尊ばれる学会や出版社は,「国際化」に逆行してこれを使いたがらないだけのことである.)

原子量なんかない素粒子(電子など)や,他の微粒子,ときにはニンゲンだってモルで記述できる.アメリカのある町には「モルの日」という特別な催し物の日(10月23日)があって,2001年のこと,おなじみの『M&Mチョコレート』を1モル集めたらダンプカー何台分になるかというクイズが出されたことがある.「正解」と称するものの桁数が間違っていてちょっとした騒動になったという雑誌記事があった.

ただ,医療・看護の現場での実用性を考えると,ふつうの化学物質の場合には「グラム原子」「グラム分子」「式量」などと別々に表現していたものの代りだと考えてくだされればいい.一つだけ厄介なのは「電子」で,これは原子量をもたないから,やはり「アヴォガドロ定数個集めたものが1モル」としなくてはならない.だが,これは数少ない例外的なケースだから,上のように「グラム原子」「グラム分子」「式量」などをいちいち区別せずに,全部一括して扱えるための単位だと思ってくだされればよろしい.

モル濃度も,通常は1リットルの溶液中に何モルの化合物が溶解しているかを表現するものとして使われる.英語では「molarity」と書く.正式には mol/$l$ または M で表記することになっている.(リットルを大文字の L で書く方針を採用している学会や出版社もあるが,意味するところは同じである.)「0.15 モルの食塩水」なんてよく医療の現場でいうことがあるが,これは 0.15 mol の塩化ナトリウム(NaCl)を1リットルの溶液中に含むものを意味している.NaCl の1モルは 58.450 g(それぞれの原子量は,Na = 22.997, Cl = 35.453 なので,和を取ると 58.450 となることはわかるだろう)だから,0.15 × 58.450 = 8.770 g を水に溶かして1リットルにしたものを指している.

化学に限らず,とくに医療の現場では「わかり切ったことはわざわざ書いたり言ったりしない」ならわしがある.いまの「0.15 モルの溶液」などでも,正式な論文や報告書を書くとき以外ではわざわざ(mol/$l$)という単位をつけることはない.これが,カリスマ的大ボスの支配する受験界や,よろず厳密・正

確を旨とする文部省（文部科学省）の教科書などとは大きく違っていることの一つなのである．プロを目指す諸兄姉には，つとめて早くこの空気になじんでくださるよう期待したい．

　物理化学の方では重量モル濃度（これは 1 kg の溶媒中に何モルの化合物を溶かしたかを表すものであり，英語だと 1 字違いの「molality」である）の方が便利なのだが，生物科学や看護学，医学の方ではこちらが必要になることはきわめて少ないはずである．希薄な溶液の場合には，molarity と molality の違いはあまり利かないのだが，赤血球の内部のような濃い溶液の場合には違いが大きくなる．

　これとは別に，とくに医学分野と分析化学方面でよく用いられる「当量」と「規定度」というものがある．これもわが国の通常の化学のテキスト類からは（物理化学偏重のためか）極端に排斥されて，ほとんど消えてしまったが，医学や看護学，衛生学などの世界では，世界中で相変らず使われている．このような便利な用語や概念をわざわざ抹殺する必要もないし，医療や看護の国際化が問題となる現在では，たとえ狭い（偏狭な）日本の教育界では使われなくとも，実用上のメリットが大きいのだから，諸兄姉はメモリのどこかに留めておくと絶対プラスになるだろう．

　中和滴定での酸や塩基の場合ならば，水素イオン 1 モルに対応する（相当する）質量が 1 当量，沈澱滴定などの場合もこれに準じて，1 価のイオン（例えば銀イオン）1 モルに相当する質量が 1 当量ということになる．だから多価のイオンの場合には，モル数に価数を掛けたものが当量になる．酸化還元反応の場合であれば，電子 1 モルに相当する質量が 1 当量となる．「電気化学当量」だけにはこの使い方がまだ生き残っている．

　この「当量」は equivalent の訳語で，Eq と省略されることもある．だが医療現場などではこれでは大きすぎて，通常は 1000 分の 1 のミリ当量（mEq）がよく使われる．お医者様方はよく「メック」と呼んでいる．

　1 リットルの溶液中に $x$ 当量を含む溶液は「$x$ 規定」の溶液という．記号は N（normal の意味）を使う．だから「0.15 規定の食塩水（= 0.15 N NaCl）」

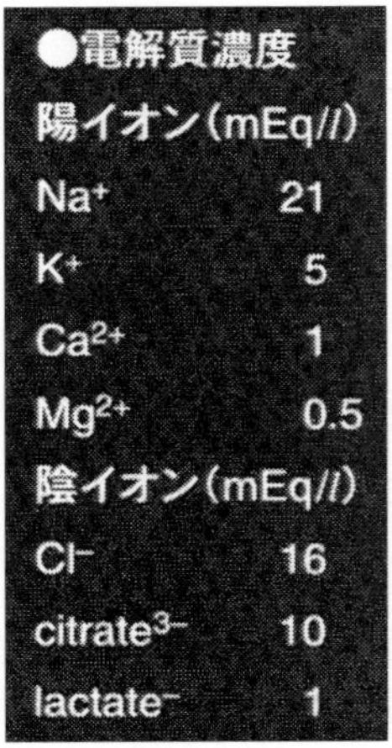

図3・1 スポーツドリンクの成分表

なら，これは「$0.15\ mol/l$ の NaCl 水溶液」ということになるが，「$0.04$ 規定の硫酸溶液」の場合には，硫酸は二塩基酸なので，モル濃度に直すと $0.02\ mol/l$ の $H_2SO_4$ 水溶液となる．クエン酸やリン酸は三塩基酸だから，これらの酸の $0.5\ mol/l$ 水溶液はこの 3 倍，つまり $1.5\ N$ となるわけである．

この規定度（$N$）を使うと，溶液反応の記載は次のように至極簡単となる．つまり規定度と溶液の体積（$V$）の積（これが当量に相当する）が相等しいというのが中和の条件である．

$$NV = N'V'$$

分析化学や医療の現場で根強く使われるのはこのためである．いちいち何価の酸だから何分の1にして…などという余分な計算をしなくてもいいからである．（さる大先生が「物理学者や物理化学者はみんな化学分析が下手だから，この便利さを理解できなかったのだよ」といわれた．現実に臨床分析や生化学のデータを扱ってみると，まさにその通りでじつに便利なのである．）

これを少し拡張して，多価のイオンの場合には相当する式量をイオンの価数で割ったものを1当量とする用法もある．これは沈澱滴定などでの使われ方が普遍化したものであり，輸液用の混合塩の組成を記す場合などに使われる．当

然ながら陽イオンの当量の総和と陰イオンの当量の総和は相等しくなる．

　もう一つ，医療現場や生化学の方でよく使われる濃度の単位に「オスモル（Osmol）」というものがある．これは，溶液中で解離を起こす物質の浸透圧と等しい浸透圧を示す非電解質（解離しない）溶液の濃度を示す．浸透圧はosmotic pressure というので，この表現する単位にもオスモル（Osmol）が用いられる．

　つまり

$$オスモル濃度 = モル濃度数 \times \frac{粒子の数}{分子1個}$$

　塩化ナトリウムや塩化マグネシウムのように解離する電解質の場合には，塩類なので分子は存在しないのだが，オスモル濃度は生じるイオンのそれぞれのモル濃度の総和になっている．1モルの塩化ナトリウム溶液は2オスモル（$Na^+$ 1 mol/$l$，$Cl^-$ 1 mol/$l$ だから），0.1モルの塩化マグネシウム溶液なら0.3オスモル（$Mg^{2+}$ 0.1 mol/$l$，$Cl^-$ 2 × 0.1 = 0.2 mol/$l$ だから）ということになる．

　オスモル濃度は，時と場合によっては1000分の1のミリオスモルで表すこともある．この場合は mOsmol と書く．医学や生理学の世界ではむしろこの方がふつうである．

　ヒトの体液はほぼ300ミリオスモルに相当する濃度になっている．だから，輸液に使用するグルコース溶液や生理食塩水のどちらも300 mOsmol 溶液である．（これが大きく狂ったら，赤血球等の体の中の細胞が，パンクしたりつぶれたりして機能しなくなってしまう．）浸透圧については第8章の「拡散現象」「浸透現象」のところでもう少し詳しくふれる．

# 第 4 章

# 酸と塩基, イオン

## 4・1 電離とイオン化

　いまから百数十年ぐらい昔の化学者は，食塩でもグルコースでもみんな同じように，固体の中にあるユニット（いわば「分子」にあたる）が水溶液中にもそのままで存在しているものと考えていた．これらの飽和水溶液をつくって，冷却したり，あるいは蒸発させて水分を除いたりすると元と同じ化合物が得られるので，これだけを根拠とすれば至極当然でもあった．

　ところが，自然科学の進展とともにいろいろな研究手法が導入されると，どうもそう簡単には片づけられないことがわかってきた．たとえば食塩水は電気を導くが，グルコースの水溶液は電気を導くことはない．あとで出てくる浸透圧や凝固点降下など，溶液内に溶けているものの個数に比例するような性質には，それぞれに大きく違いが現れる．

　溶液が電気を導くのは，その中に電荷をもった（帯電した）小さな粒子があると考えればよい．食塩（塩化ナトリウム，NaCl）の場合には，プラスに帯電したナトリウムのイオンと，マイナスに帯電した塩素のイオン（塩化物イオン）が等しい数だけ存在している．これなら固体（結晶）となったときには全体として中性になり，安定に存在できるわけだし，誘電率の大きな水の中では，静電引力が大幅に小さくなるのでばらばらになって溶けていることになる．この現象を「電離」という．電離を起こしてイオンになる化合物は「電解質」，グルコースやエタノールのようにイオンにならないものは「非電解質」と呼ばれる．

ほとんどの塩類は，溶液にすると成分イオンに解離するが，中にはほんのわずかしかイオンをつくらないものもある．逆にほとんどの有機化合物は，たとえ水に溶けても電離せず，元の分子のままであることがふつうで，イオンをつくるものの方が少数派である．

## 4・2　酸と塩基

小学校時代から，酸とアルカリという言葉はすっかりおなじみのものとなっているはずである．しかしこのままでは，プロの世界ではいささか不便でもあるので，「アルカリ」の代わりに「塩基（base）」という方が正確で，かつ利用範囲も広いためによく使われるようになった．

化学の世界で何の断りもなしに「酸」と「塩基」という言葉が出てきたときには，通常は次に示す「ブレンステッド＝ラウリの定義」による．

「酸」　とは　プロトン（水素イオン）を他に与えるもの

「塩基」とは　プロトン（水素イオン）を受け入れるもの

「酸」と「塩基」にはこのほかに「アレニウスの定義」とか「ルイスの定義」「ウサノヴィッチの定義」などがあるが，それぞれを用いる場合にはきちんと「ルイスの酸」などのように指定することになっている．

コーラなどに添加されているリン酸は，三塩基酸（解離するプロトンを3つもっているということである．「3価の酸」という言い方もある）で，次のように解離する．

$$H_3PO_4 \longleftrightarrow H^+ + H_2PO_4^- \qquad 第一解離$$
$$H_2PO_4^- \longleftrightarrow H^+ + HPO_4^{2-} \qquad 第二解離$$
$$HPO_4^{2-} \longleftrightarrow H^+ + PO_4^{3-} \qquad 第三解離$$

ここで，両向き矢印の左側にあるものが「酸」であり，これからプロトンが除かれてできるものが「塩基」となることがわかる．このようにプロトン1個の出入りで互いに変化できる酸と塩基の対のことを「共役の酸・塩基」という．酸が解離してできるものは塩基，塩基がプロトンを付加してできるものは酸と

いうことになる．上の場合，$H_2PO_4^-$ の共役塩基は $HPO_4^{2-}$ となる．

酸には強い酸（強酸）と弱い酸（弱酸）がある．強酸とは，溶液にしたときにほとんどが電離して溶かしたモル数（仕込量）に相当するだけの $H^+$ を放出するもの，弱酸とは，ごく一部しか解離しないのでプロトンもほんのわずかしか出さないものをいう．

強酸の例として塩酸や硝酸などが身近なものだが，HCl や $HNO_3$ を水に溶かすと，この水溶液の中では遊離の HCl や $HNO_3$ はほとんどなく，水分子と反応して下のように解離してしまう．

水分子にプロトンが付加したものは「オキソニウムイオン」（昔は「ヒドロニウムイオン」と呼んだこともある）というが，水溶液の中の強い酸は

$$HCl + H_2O \longleftrightarrow H_3O^+ + Cl^-$$

$$HNO_3 + H_2O \longleftrightarrow H_3O^+ + NO_3^-$$

のように，溶かしたモル数に相当するだけのオキソニウムイオンを生じる．これは，HCl や $HNO_3$ のほうが $H_3O^+$ よりもずっとプロトンを放出しやすい（酸として強い）ことと，$Cl^-$ や $NO_3^-$ はプロトンを結合しにくい，つまり弱い塩基であることを表現している．これは「強酸の共役塩基は弱塩基であり，弱酸の共役塩基は強塩基である」ということにほかならない．

酢酸や炭酸のような酸では，水に溶かしても，生成するオキソニウムイオンの数はずっと少なく，大部分は未解離の酸分子のままである．だが，塩基（アルカリ）を加えると，未解離の酸からプロトンが供給されるので，全部中和されれば塩をつくることは同じである．

塩基の方も事情は同じで，金属ナトリウムをエタノールや液体アンモニアに溶解させると，それぞれ次のような反応が起きて，ナトリウムエトキシドやナトリウムアミドが生じる．

$$Na + C_2H_5OH \rightarrow NaOC_2H_5 + \frac{1}{2}H_2$$

$$Na + NH_3 \rightarrow NaNH_2 + \frac{1}{2}H_2$$

これらを水に加えると，それぞれが次のように反応して水酸化物イオン

（OH$^-$）を与える．

$$\text{NaOC}_2\text{H}_5 + \text{H}_2\text{O} \rightarrow \text{Na}^+ + \text{OH}^- + \text{C}_2\text{H}_5\text{OH}$$
$$\text{NaNH}_2 + \text{H}_2\text{O} \rightarrow \text{Na}^+ + \text{OH}^- + \text{NH}_3$$

これは，エトキシドイオン（$\text{C}_2\text{H}_5\text{O}^-$）やアミドイオン（$\text{NH}_2^-$）が水酸化物イオンよりもずっと強い塩基（つまりプロトンを奪い取る能力が大きい）なので，水分子からプロトンを奪ってしまう結果なのである．

これからもわかるように，水溶液の中では$\text{H}_3\text{O}^+$イオンより強い酸や$\text{OH}^-$イオンより強い塩基は存在できない．これを「水準化効果」ということもある．特別な場合には液体アンモニアや氷酢酸などを溶媒とすることもあるのだが，このときも溶媒分子にプロトンが1個だけ付加した形のイオン（これを「ライオニウムイオン」という）が一番強い酸であり，逆に溶媒分子からプロトンが1個奪われた形のもの（こちらは「ライエイトイオン」）が一番強い塩基ということになる．氷酢酸の中では，水溶液とは違って塩化水素や臭化水素も完全には解離しないので，どちらも「弱酸」になってしまう．

小学校からおなじみの中和反応というのは，実質的には$\text{H}_3\text{O}^+$と$\text{OH}^-$との反応なので，塩酸と水酸化ナトリウムの反応でも，硝酸と水酸化カルシウムの反応でも，実際に起きている化学反応は同じである．きちんと中和したあと，生成した水を蒸発させたりして除くと，残っていた陽イオンと陰イオンの当量数は同じなので，プラスマイナスがちょうど釣り合うわけで，濃縮すると静電引力で結びつき，塩の結晶が得られる．ほかの溶媒の場合には当然ながらライオニウムイオンとライエイトイオンとの反応ということになる．

## 4・3　水素イオン濃度とpH

さて，きちんと1モルの酸を秤量して水に溶かして1リットルにしたとしても，その中の水素イオン濃度はどんな酸でも$1\,\text{mol}/l$となるとは限らないとすれば，本当のところの水素イオン濃度を示す尺度が必要になる．これは最初，醸造学の方での大問題であった．デンマークのカールスベリ研究所（有名な

## 第4章 酸と塩基，イオン

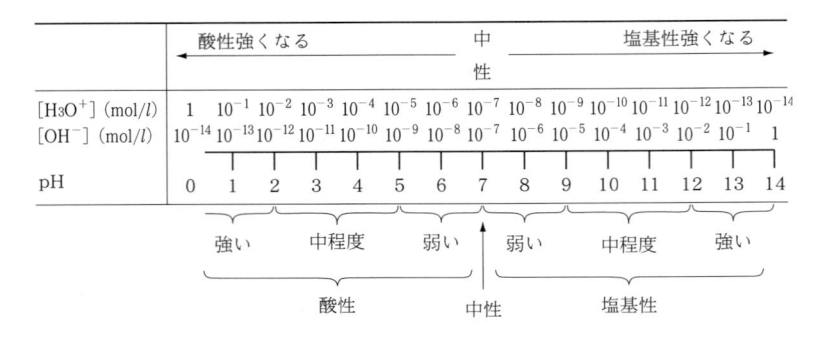

| | 酸性強くなる ← | | | | | | | 中性 | | | | | | → 塩基性強くなる | |
|---|---|---|---|---|---|---|---|---|---|---|---|---|---|---|---|
| $[H_3O^+]$ (mol/$l$) | 1 | $10^{-1}$ | $10^{-2}$ | $10^{-3}$ | $10^{-4}$ | $10^{-5}$ | $10^{-6}$ | $10^{-7}$ | $10^{-8}$ | $10^{-9}$ | $10^{-10}$ | $10^{-11}$ | $10^{-12}$ | $10^{-13}$ | $10^{-14}$ |
| $[OH^-]$ (mol/$l$) | $10^{-14}$ | $10^{-13}$ | $10^{-12}$ | $10^{-11}$ | $10^{-10}$ | $10^{-9}$ | $10^{-8}$ | $10^{-7}$ | $10^{-6}$ | $10^{-5}$ | $10^{-4}$ | $10^{-3}$ | $10^{-2}$ | $10^{-1}$ | 1 |
| pH | 0 | 1 | 2 | 3 | 4 | 5 | 6 | 7 | 8 | 9 | 10 | 11 | 12 | 13 | 14 |

強い（0-2）　中程度（2-5）　弱い（5-7）　｜　弱い（7-9）　中程度（9-12）　強い（12-14）

酸性　　　　中性　　　　塩基性

**図 4・1** pH の概念図
G.I.Sackheim : An Introduction to Chemistry for Biology Students. 7$^{th}$ed.（2002）より

ビール会社の Carlsberg 社のつくった醸造学研究所）の所長であったセーレンセンが，このために水素イオン濃度指数として $-\log [H^+]$ を用いることを提案し，これを pH という記号で表すこととした．（最初は無機の強酸の濃度を使っていたが，後に水素イオンモル濃度に拡張されたのである．）

pH は，最初の論文がドイツ語で書かれたものだったせいもあり，わが国でもドイツ風に「ペーハー」と読むならわしで，お医者様はほとんどがこの方を採用しているし，工業現場などでも同様であるが，JIS（日本工業規格）では「ピーエッチ」と読むように定めている．実際にどのくらい普及しているかは誰もしらない．

だからたとえば 0.00002 mol/$l$ の $H^+$ を含む水溶液の pH は

$$pH = -\log 0.00002 = 4.7$$

となる．

なお，対数がとれるのは，真数が無次元の場合だけである．だから正確には

$$pH = -\log \{[H^+]/(mol/l)\}$$

でなくてはならないのだが，化学でも医学でも生化学でも暗黙の了解として（自明のことだから）この単位をわざわざ記すことはしない．

## 4・4 弱酸の解離,緩衝溶液

溶液中で一部分しか解離しない(つまり仕込んだだけのプロトンを与えてくれない)酸のことを「弱酸」という.簡単のために HA で表すとしよう.いまこれを $a$ モル取って1リットルの溶液にしたら,$ax$ (mol/$l$) ($x \ll 1$) の $H^+$ しかないことがわかったとする.(強酸なら当然 $a$ mol/$l$ の水素イオンが含まれているはずなのである.)

$$HA \longleftrightarrow H^+ + A^-$$
$$a(1-x) \qquad ax \quad ax$$

溶液は電気的には中性のはずだから,$A^-$ のほうも $ax$ (mol/$l$) だけ溶けていることになる.このときに

$$K_a = \frac{[H^+][A^-]}{[HA]} = \frac{ax \cdot ax}{a(1-x)} = \frac{ax^2}{1-x}$$

という比を取ると,温度・圧力が一定であれば,それぞれの酸に特有の定数となる.この値を酸解離定数という.これは化学平衡の基礎となる質量作用の法則(次章を参照)の好例でもある.酸解離定数はずいぶん小さい値となるので,pH と同じように,10 のマイナス何乗と書くよりもふつうには $pK_a$($-\log K_a$)で表示する.こちらはドイツ語読みはせず,「ピーケイエイ」のように読む慣例になっている.$pK_a$ が大きければ解離がわずか,つまりずっと弱い酸だということになる.弱い酸でも $a$ を著しく小さくすると,$x$ は逆に大きくなる(つまり解離が進む)こともわかる.

酢酸の場合,1 mol/$l$ の水溶液をつくったとすると,その中の水素イオン濃度は 0.005 mol/$l$ しかない.つまり1%も解離しないのである.上の式に数値を入れると $K_a = 2.5 \times 10^{-5}$ (mol/$l$),したがって $pK_a = 4.6$ になる.

このような弱酸を,水酸化ナトリウム(NaOH)のような強塩基で中和することを考える.よく実験でやる「中和滴定」である.このときの水素イオン濃度の変化を求めてみよう.

上の式を変形すると

$$[\mathrm{H}^+] = K_\mathrm{a} \times \frac{[\mathrm{HA}]}{[\mathrm{A}^-]}$$

となる．$\mathrm{OH}^-$ は $\mathrm{H}^+$ をどんどん水 $\mathrm{H_2O}$ に変えてしまうので，加えた分に相当する $\mathrm{A}^-$ が溶液中に生じることとなる．

　表計算ソフトウェアが使えれば，このときの pH 変化は簡単にグラフにできる．これはつまり中和滴定の折の pH 変化を見ていることになるのだが，横軸に中和度（HA の何パーセントが $\mathrm{A}^-$ に変わったか）を，縦軸に pH を取ってプロットしてみると，この曲線はいわゆるシグモイド曲線（Sの字を長く引き延ばしたような形）となる．半分中和されたところ（50％中和点）を原点に取ると，三角関数の $\tan x$ とそっくりの曲線となる．（変数変換すると実際に $y = \tan(x)$ の形になる．）

　この曲線をよく見ると，50％中和点の近傍はこの pH 変化曲線の勾配が一番小さくなっていて，これに強い酸や塩基を少量添加しても，溶液の pH はほとんど変化しないことがわかる．（当量点のところでは，試薬のわずかな過剰でも

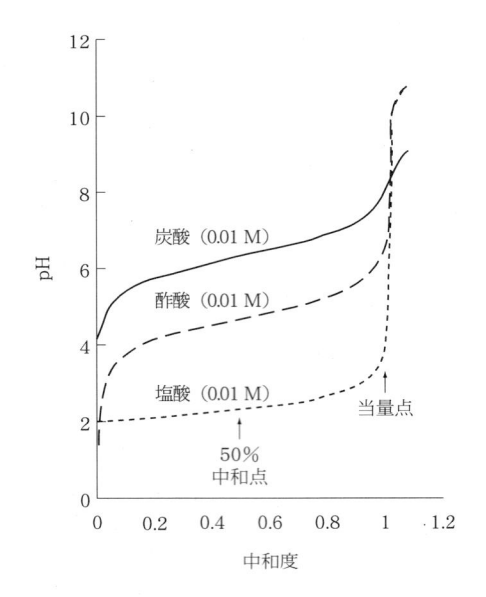

**図 4・2**　中和滴定曲線（強酸と弱酸の滴定時の pH 変化）
　　　　　炭酸は第二解離が始まるのでこれより先に第二当量点があるがここでは省略

大きく pH が変化してしまう.)

このような溶液のことを「緩衝溶液」という. 分析化学や生化学, 細菌学などでは, 必要とされる pH を保持するためにいろいろな緩衝溶液が考案されていて, それぞれの用途に合わせて使われている.

緩衝溶液の pH は弱酸とそのイオン (共役塩基) の濃度の比の関数となるのだが, これを表す式は下のようになる. 実はこれは先に記した式の負の常用対数表現にほかならない.

$$\mathrm{pH} = \mathrm{p}K_\mathrm{a} + \log \frac{[\mathrm{A}^-]}{[\mathrm{HA}]}$$

生化学や薬学ではこの式を Henderson–Hasselbalch の式 (ヘンダーソン–ハッセルバルクの式) と呼んでいる. ふつうの化学のテキスト類ではとくにこの名で呼んでいることはまずないが, 便利だから知っておいていいだろう. (本によっては「ハッセルバルフ」だったり「ハッセルバルチ」だったりするが, スペルがきちんと書いてあればなんと読もうとかまわない.)

酢酸以外にも重要な弱酸は多数あるが, われわれの体の呼吸作用に関連する炭酸の緩衝溶液の場合を考えよう. 炭酸は二塩基酸, つまり解離するプロトンを 2 個もっているが, 第一解離に対応する $\mathrm{p}K_{\mathrm{a}1} = 6.35$ と第二解離の $\mathrm{p}K_{\mathrm{a}2} = 10.75$ (どちらも 25 ℃における値) で 4 桁も違うから, 体内における血液の pH などを考えると, 第二解離を考慮する必要はほとんどなく, 第一解離だけを考えればよい ($\mathrm{p}K_{\mathrm{a}1}$ と $\mathrm{p}K_{\mathrm{a}2}$ が 3 以上の差があれば, 影響があるとしても 1000 分の 1 以下であることが計算するとわかる. 逆に 1 桁ぐらいしか違わない場合には, それぞれの段階を区別せず, まとめて扱う方が便利である.)

さきの Henderson–Hasselbalch の式に, 血液の pH と炭酸の第一解離の $\mathrm{p}K_\mathrm{a}$ を代入してみる. ヒトの体温 (37 ℃) における $\mathrm{p}K_{\mathrm{a}1}$ は 6.05 となっているから, $\log([\mathrm{HCO_3}^-]/[\mathrm{H_2CO_3}]) = 1.3$, 逆対数をとると $([\mathrm{HCO_3}^-]/[\mathrm{H_2CO_3}]) = 20$ で, 血液中では炭酸水素イオン (重炭酸イオン, 昔はヒドロ炭酸ともいった) の形が主であることがわかる. なお, この平衡を扱う場合, 水が大過剰にあるので, 遊離の $\mathrm{CO_2}$ と水和した形の $\mathrm{H_2CO_3}$ をまとめて $\mathrm{H_2CO_3}$ の形として考

える．（現実には $H_2CO_3$ の形をとっているのは 0.4％ぐらいらしいが，炭酸脱水酵素（carbonic anhydrase）などの酵素反応を扱うとき以外はこの両者を区別しないのがふつうである．）

よく「酸性食品を食べると血液が酸性になる」などとのたまうカリスマ的な栄養学の大先生がいるのだが，ヒトの血液の pH は，この炭酸塩による緩衝作用があるために，変化してもせいぜい 0.05 ぐらいである．

これだけのわずかな違いでも，ヘモグロビンの酸素吸収能力には大きな影響があり，pH が小さくなるとヘモグロビンから酸素は離れやすくなる．これは「ボーア効果」と呼ばれるが，デンマークの生理学者であったクリスティアン・ボーア（1855–1911，前の原子モデルのところでふれた物理学者のニールス・ボーアの父君）の発見になる．肺で静脈血が二酸化炭素を放出すると，酸の濃度が減るわけだから酸素を吸収しやすくなるし，末端組織では逆に代謝の結果として二酸化炭素の濃度が上昇してくるので，pH は低下し，ヘモグロビンに結合している酸素は放出されやすくなる．

この栄養学のエセ大先生ののたまうように，血液がほんとうに酸性（pH＜7）になったらもはや生きてはいられない．7.3 よりも低くなったら，アシドーシス（酸性血症）と呼ばれる立派な病気である．

# 第 5 章

# 化 学 平 衡

## 5・1 質量作用の法則

　前の酸解離平衡のところでもふれたが，化学の世界では条件次第で反応の向きが変化する系が結構たくさんある．

　化学物質の関与しているほとんどの系は平衡系と見なせるのだが，時には著しく一方に片寄っている場合，あるいは反応があまりにもゆっくりしている場合などがあり，こうなると簡単には扱えなくなってしまう．

　平衡系を扱うためには「質量作用の法則」を用いる．これは英語なら「law of mass action」であり，最初に翻訳された大先生の誤訳（この「mass」は質量の意味ではなく，マスコミとかマスプロダクションの「マス」，つまり「大量」なのだが，何十年も昔の大正時代には，マスコミもマスプロもまだ日本語になっていなかった）のためだが，もう伝統の重みがありすぎて改訂できそうもない．

　この「質量作用の法則」を導いたのはノルウェイのグルベル（1836-1902）とウォーゲ（1833-1900）という2人の化学者で，1867年のことである．後にフランスのル・シャトリエ（1850-1936）やオランダのファントホッフ（1852-1911，1901年の第1回ノーベル化学賞受賞者である）などによって，実験的証明やもっと詳細な理論的説明がもたらされたのだが，今の場合なら最初のままの方がわかりやすかろう．

　いま次のような平衡系を考える．

$$aA + bB + cC + \cdots \longleftrightarrow pP + qQ + rR + \cdots$$

この両向き矢印の左側を反応系（reactant），右側を生成系（product）と呼ぶことになっている．いま [ ] で囲んだものをその物質の濃度だとすると，

$$\frac{[P]^p[Q]^q[R]^r \cdots\cdots}{[A]^a[B]^b[C]^c \cdots\cdots}$$

のような比（これをよく「濃度商」という）をとると，ほかの条件（温度，圧力など）が一定ならば定数となる．この値を平衡定数という．

前に紹介した弱酸の解離もこの典型的な例である．だがここではもう少し看護学や医療に関わりのある例を挙げて説明することにしよう．

## 5・2　錯形成平衡

ヒトの血液は，採血して放置しておくとまもなく凝固してしまう．この凝血のメカニズムはずいぶん複雑なのだが，この中でカルシウムイオンがきわめて重要な役割を果たしていることがわかっている．

ところで，血液の凝固を防ぐためにクエン酸ナトリウムを添加すると有効であることは，かなり以前（19世紀の末頃）に判明していた．現在でも輸血用の血液にはクエン酸ナトリウムの水溶液（薬局方できちんと処方が定められたものがある）を所定量添加することになっている．（よく「クエン酸を添加する」と書いてある本（とくに医学書）があるが，クエン酸ナトリウムでなくてはちっとも有効ではない．）

これは，血液中にもともと溶解している裸のカルシウムイオン（実際には水和している $[Ca(OH_2)_6]^{2+}$ の形だが，ふつうこう呼んでいる）が凝血作用に有効なので，これを何かの作用で減らせれば，固まる作用を抑制できるということなのである．

同じような要求は，硬水の多いヨーロッパでの石鹸(せっけん)の利用に際しても，この裸のカルシウムイオンを減らして，有効な石鹸分と反応しないようにする（これを「マスクする」という）ための試薬がいろいろと探索された．今でも特定

の物質の定量に際して，妨害を起こす夾雑物（共存するイオンなど）があったとき，これをじゃましないような形に変える試薬を「マスキング剤」と呼んでいる．

クエン酸ナトリウムが有効であることが発見されたのは，前記のように1890年頃のフランスで，偶然のことだったらしい．当時，フッ化物やシュウ酸塩を加えてカルシウムを沈澱させて除く（これはカルシウムの重量分析のために古くから用いられてきた方法であるが）と，血液が凝固しなくなることがわかった．

これは早速 生理学の研究者たちに利用されたが，フッ化物もシュウ酸塩も生体には毒作用が大きすぎ，外科手術時の輸血（当時はまだ，ラントシュタイナーによる血液型分類は報告されていなかったが，輸血自体はすでに行われていた）のときの血液凝固問題を克服するためには使えなかった．

輸血用には，10％クエン酸ナトリウムを血液500 m$l$ あたり20〜35 m$l$ を添加することになっている．この混合液のクエン酸ナトリウム濃度は4〜7 g/$l$，つまり0.4〜0.7％，モル濃度にすると0.0136〜0.0238 mol/$l$（13.6〜23.8 mM）ということになる．これは血液のpHならば全部解離してクエン酸イオン（きちんと書くと大変なので，よく「$Cit^{3-}$」のように書く．クエン酸塩は英語でcitrateというからである）の形になっている．

たったこれだけでも，血液中に溶けているカルシウムイオン（もともと，10 mg/d$l$ つまり100 ppm，すなわち2.5 mmol/$l$ しか溶けていないが）のうちの遊離のカルシウムイオンのほとんどと結合して，[$CaCit^-$]の形の錯体にしてしまう．

ところで，処方通りに血液にクエン酸ナトリウムを添加したときのカルシウムイオン濃度はどうなっているだろうか？　もともと血液中のカルシウムの濃度はほぼ10 mg/d$l$，つまり100 mg/$l$ ＝ 2.5 mmol/$l$ なのだが，全部が同じ形ではなく，**表5・1**のようにいろいろな形で存在している．

クエン酸ナトリウムを加えた場合，カルシウム自体は，シュウ酸塩やフッ化物を加えた場合とは違って，沈澱を生成することはない．クエン酸のイオンが

表5・1 血液中のカルシウムの濃度と存在状態
(単位は mmol/$l$)

| | |
|---|---|
| 遊離カルシウムイオン | 1.18 |
| タンパク結合カルシウム | 1.14 |
| リン酸結合カルシウム | 0.04 |
| クエン酸結合カルシウム | 0.04 |
| 未同定結合カルシウム | 0.04 |
| 合計 | 2.48 |

M. Waiser, *J. Clin. Invest.*, **40**, 723 (1961)より

カルシウムを抱え込んで，水溶性の「錯体」をつくり，遊離のカルシウムイオンの量を大幅に減らしてしまう．血液の pH（ほぼ7.4）においては下のような錯形成平衡があると考えられている．

$$\text{Ca}^{2+}(\text{aq}) + \text{Cit}^{3-} \longleftrightarrow [\text{CaCit}^-]$$

この平衡定数は次のように表されるが，ヒトの体温においてはほぼ1500ぐらいであることがわかっている．

$$K = \frac{[\text{CaCit}^-]}{[\text{Ca}^{2+}][\text{Cit}^{3-}]} \qquad K = 1.5 \times 10^3 \qquad \text{p}K = 3.16$$

遊離のカルシウムイオンの濃度 [Ca$^{2+}$] と，カルシウムのクエン酸錯体の濃度 [CaCit$^-$] の比を求めると，次のようになる．

$$\frac{[\text{Ca}^{2+}]}{[\text{CaCit}^-]} = \frac{1}{K[\text{Cit}^{3-}]}$$

$K$ が 1500 (mol/$l$)$^{-1}$ ぐらい，[Cit$^{3-}$] が 0.0238 mol/$l$ だとすると，この数値を代入すれば，クエン酸イオン濃度は遊離のカルシウムイオン全部と結合してもほとんど変化しない（95％ぐらいになる）から，遊離のカルシウムイオンはもともとの値の2〜3％ほどに減ってしまっていることがわかる．（リン酸塩やタンパク質とのカルシウムの結合はもっと強いから，いまのクエン酸塩の添加では簡単には切れないので，今のところ無視してもかまわない.）

輸血された後では，クエン酸イオンはもともと血液中にもわずかながら含まれてはいるので，よけいな分は身体の代謝系でどんどん分解されていく．だから [Cit$^{3-}$] はどんどん小さくなるので，錯体は解離して正常な血液中の（裸の）

カルシウムイオンに戻る．（だから輸血を受けた後で血液が固まりにくくなるなんてことにはならない．）詳しくは生化学のテキストを参照してほしい．

　血液の中のヘモグロビンは酸素を運ぶきわめて有効な媒体である．ヒトの場合，これは赤血球の中に入っていて，肺で酸素と錯体をつくり，体内の筋組織などでミオグロビンに酸素をわたし，代わりに二酸化炭素を受け取って心臓を経由して肺に戻る（ミミズなどでは血液中に溶解している）．つまり酸素の多いところではヘモグロビンはオキシヘモグロビンとなり，逆に少ないところではオキシヘモグロビンがヘモグロビンに戻る．筋肉にあるミオグロビンもヘモグロビンの一部とよく似た分子だが，こちらも同じように酸素を付加したり離したりする機能をもっている．

　大気中の酸素は約 20％，したがって酸素による圧力（分圧）にすると約 200 hPa となるが，医学や生理学の方ではもっぱら torr（＝ mmHg）単位が使われているので，こちらを使うことにしよう．

　体内の組織は，下のような反応のために酸素を必要とする．

$$C_6H_{12}O_6 + 6\,O_2 \rightarrow 6\,CO_2 + 6\,H_2O$$

　二酸化炭素は酸化的代謝過程における気体状の老廃物である．体内各位置における二酸化炭素の分圧の概略値を図 5・1 に示しておこう．

　ヘモグロビンの酸素付加能力は，二酸化炭素濃度が上昇する（pH が減少する）と小さくなることも知られている．つまり，二酸化炭素分圧の高い体組織で酸素を放出し，肺では二酸化炭素を放出して酸素を取り込みやすくなっている．これは「ボーア効果」と呼ばれるのだが，前にもふれたようにデンマークの生理学者クリスティアン・ボーアの発見になる．

　体組織（筋肉）には酸素付加機能をもつミオグロビンというタンパク質がある．ヘモグロビンと同じように Fe(II) 錯体のヘムを含んでいるが，酸素分子の付加の様子はちょっと違う．ヘモグロビンは四量体なので，1 分子中に 4 個のユニットがあり，酸素分子を 4 個付加できるが，ミオグロビンは単量体で 1 分子の酸素しか付加できない．酸素分圧を変化させたとき，ヘモグロビンとミオグロビンのそれぞれに酸素が付加する割合をプロットした図 5・2（a）のよう

大気
$P(O_2) = 160$
$P(CO_2) = 0.2$

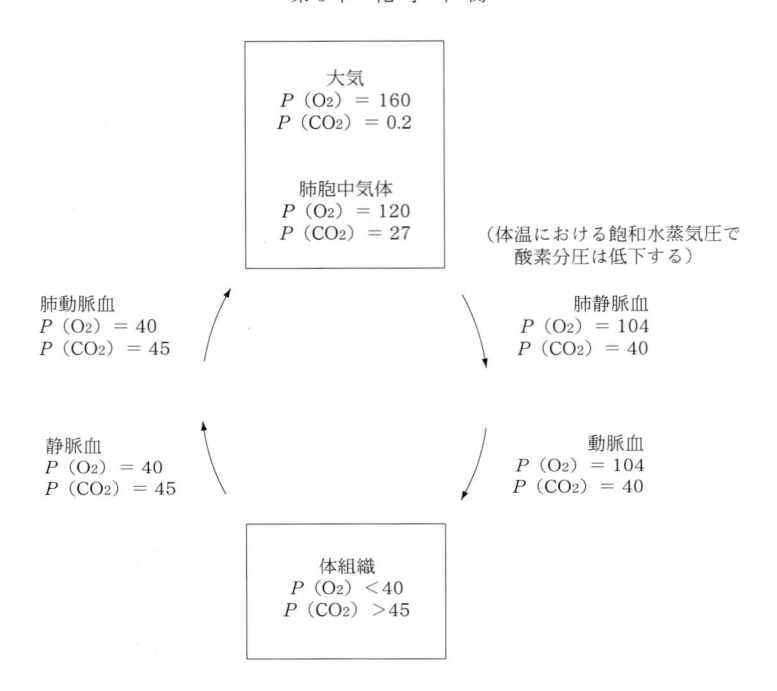

肺胞中気体
$P(O_2) = 120$
$P(CO_2) = 27$

（体温における飽和水蒸気圧で酸素分圧は低下する）

肺動脈血
$P(O_2) = 40$
$P(CO_2) = 45$

肺静脈血
$P(O_2) = 104$
$P(CO_2) = 40$

静脈血
$P(O_2) = 40$
$P(CO_2) = 45$

動脈血
$P(O_2) = 104$
$P(CO_2) = 40$

体組織
$P(O_2) < 40$
$P(CO_2) > 45$

**図5・1** 血液の酸素と二酸化炭素分圧（単位 mmHg（＝torr））$P$ は分圧

な図がよく生化学や医学の本にある．「ミオグロビンは双曲線型，ヘモグロビンはこれと違ってS字形（シグモイド）である」などと記してあるものも多い．

ただ，これではあまり違いがよくわからないので，ふつうの化学平衡の式を使って書き直してみよう．これはつまり酸素錯体の形成を扱うことにあたる．横軸を対数尺度でプロットし直した結果をグラフに表したものは**図5・2（b）**のようになる．

酸素分圧が大きくなるとどちらも飽和する（つまりほとんどの鉄のサイトに酸素分子が結合する，100％占有状態になる）が，酸素分圧が低下するにつれてヘモグロビンは急速に酸素を放出する．ミオグロビンの方はこの状態でもまだかなりの酸素を付加した状態のままとなっていることがわかる．ヘモグロビン，ミオグロビンともきれいなS字形曲線（シグモイドカーブ）であるが，ヘモグロビンの方が酸素濃度が低下すると酸素の結合割合が急激に下がるのに対

## 5・2 錯形成平衡

**a**

(グラフ：酸素飽和度(%) vs 酸素分圧(mmHg)、ミオグロビン、ヘモグロビンF、ヘモグロビン、静脈血、動脈血)

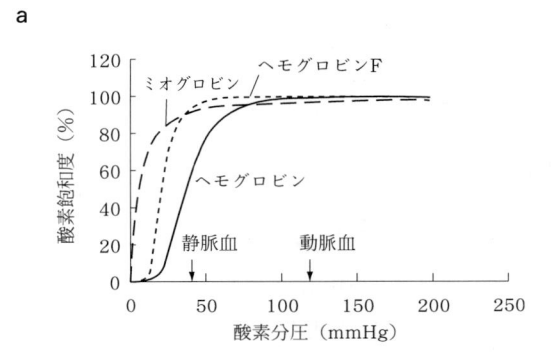

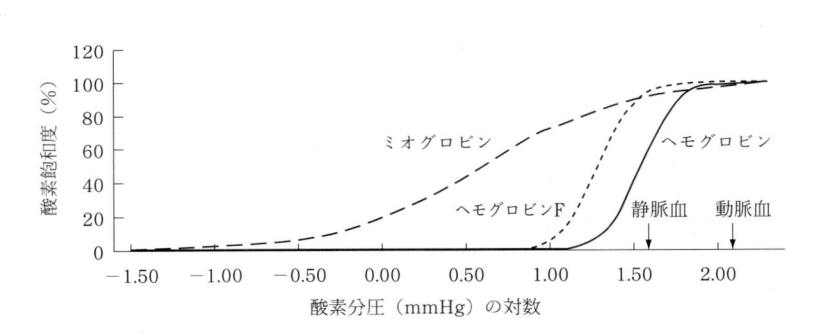

**b**

(グラフ：酸素飽和度(%) vs 酸素分圧(mmHg)の対数、ミオグロビン、ヘモグロビンF、ヘモグロビン、静脈血、動脈血)

図 5・2　ヘモグロビン，ミオグロビンと酸素の平衡
酸素飽和曲線，通常尺度（a）と対数尺度（b）

し，ミオグロビンはゆっくりと減少する．つまりヘモグロビンから酸素を受け取ることが可能となっていることがよくわかる．

　胎児は母親の血液から胎盤を経由して酸素を受け取り，二酸化炭素を排出している．そのために胎児のヘモグロビンは，成人のヘモグロビンとは構造のわずかに違ったヘモグロビンFと呼ばれるものである．これは，ふつうのヘモグロビン（ヘモグロビンA）よりも酸素の付加能力が大きい（曲線が左側にあるほど，酸素と結合しやすいことになる）．だから，母体の血液のヘモグロビンから胎盤を経由して酸素を受け取ることが可能となっている．

　生まれたあと大気を呼吸するようになると，このヘモグロビンFは不要となるので短期間中にどんどん破壊され，胆汁色素（ビリルビン，ビリベルジンな

ど）になる．これが「新生児黄疸」の原因である．

　ミオグロビンは主として筋肉中に存在しているが，こちらは肺や血管の中よりもずっと酸素分圧の低いところで効率的に酸素の受け渡しができることもこれからわかる．

　酸素が赤血球に入ると，ヘモグロビンと結合する．簡単のために以後ヘモグロビンの四量体を $\{Hb\}$ と記すことにしよう．これが酸素と次のように結合して，オキシヘモグロビンを生成する．（ヘモグロビンは通常四量体であるので，単量体と区別するために｛　｝で囲んである．$Hb_4$ と書くべきかもしれない．）

$$\{Hb\} + 4\,O_2 \longleftrightarrow \{Hb(O_2)_4\}$$

　　　　　ヘモグロビン　　　　　　オキシヘモグロビン

　この付加物形成（錯形成）は本来ならば下記のように四段階に分けられるはずであるが，実測してみると，正常な場合にはこの各段階を区別することはきわめて難しい．このような場合には総平衡定数の $\beta_4\,(=k_1\cdot k_2\cdot k_3\cdot k_4)$ を用いて，各段階の平衡定数はこの4乗根にほぼ等しいものとして近似するのが常法である．

$$\{Hb\} + O_2 \longleftrightarrow \{Hb(O_2)\} \qquad k_1 = \frac{[\{Hb(O_2)\}]}{[\{Hb\}][O_2]}$$

$$\{Hb(O_2)\} + O_2 \longleftrightarrow \{Hb(O_2)_2\} \qquad k_2 = \frac{[\{Hb(O_2)_2\}]}{[\{Hb(O_2)\}][O_2]}$$

$$\{Hb(O_2)_2\} + O_2 \longleftrightarrow \{Hb(O_2)_3\} \qquad k_3 = \frac{[\{Hb(O_2)_3\}]}{[\{Hb(O_2)_2\}][O_2]}$$

$$\{Hb(O_2)_3\} + O_2 \longleftrightarrow \{Hb(O_2)_4\} \qquad k_4 = \frac{[\{Hb(O_2)_4\}]}{[\{Hb(O_2)_3\}][O_2]}$$

全部まとめると

$$\beta_4 = \frac{[\{Hb(O_2)_4\}]}{[\{Hb\}][O_2]^4}$$

となる．

　生化学の本の中には $k_4$ が $k_1$ よりずっと大きいという記載がままあるが，これは化学平衡の基本を無視した誤りである．

簡単にまとめると上記のようになるのだが，もっと詳しいことは生化学のテキスト類を見られたい．

一方，体組織にあるミオグロビンは単量体であるから，酸素との平衡はずっと簡単で

$$\mathrm{Mb} + \mathrm{O}_2 \longleftrightarrow \mathrm{MbO}_2$$

ヘモグロビンA，ミオグロビンの50％酸素飽和圧はそれぞれ25 mmHg, 5 mmHgである．これを元にそれぞれの平衡を比較してみよう．

縦軸を酸素の飽和度，横軸を酸素分圧（血液中の酸素濃度に比例している）の対数にとって描いた図5・2（b）の図を見れば．それぞれの違いが体の中でいかに巧みに活用されているかがわかるだろう．

# 第 6 章

# 酸化と還元

## 6・1 酸化還元反応

　酸と塩基の反応（中和反応）と同じように大事な化学反応として「酸化還元反応」を欠くことはできない．中和反応はひらたくいうと「プロトンの受け渡し」であるのだが，酸化還元反応はこれと違って「電子の受け渡し」ということになる．

　ものが燃えるということは，ほとんどの場合には酸素と化合して酸化物が生じることに相当する．（ほとんどというのは，塩素やフッ素の雰囲気の中でも燃焼が起き得るからである．あまり一般的ではないが知っていていいことだろう．）だから水素が燃えれば酸化水素（水）になり，炭素が燃えれば二酸化炭素（炭酸ガス）となる．炭水化物や脂質などの食物は，ルツボに入れて大気中で酸化しても，体の中で代謝されても，最終生成物は二酸化炭素と水になる．タンパク質の場合でも含まれる炭素と水素は同じように酸化される（窒素だけは尿素などのアンモニア誘導体のままで排泄される）から，二酸化炭素と水が最終生成物となる．近代の化学は燃焼現象の解析から始まったともいえる．

　ただ，酸化還元反応がわかりやすいのは，どちらかというと無機化合物の世界である．ここで便利な概念として「酸化数」というものがある．これは中性原子に比べてどのぐらい電子の過不足があるかを表すもので，次のようないくつかの簡単な規則に従うとほとんどの場合機械的に表現できる．（つまり棒暗記の必要などない．）

## 6・1 酸化還元反応

1. 元素単体の酸化数はゼロ．
2. 化合物中の各原子の酸化数の総和は，分子性の化合物でも塩類でもすべてゼロとなる．
3. 単原子イオンの酸化数はそのイオンの価数に等しい．
4. 多原子イオンの各原子の酸化数の総和は，そのイオンの価数に等しい．
5. 金属元素は，化合物中では一般にプラスの酸化数をとる．
6. ほとんどの水素の化合物においては水素の酸化数は $+1$ である．（金属の水素化物の場合のみ $-1$）
7. ほとんどの酸素の化合物においては酸素の酸化数は $-2$ である．（過酸化物の場合のみ $-1$）
8. 2つの異種原子からなる化合物では，電気的に陰性の元素に負の酸化数を割り当てる．

細かくいうとまだあるのだが，これだけでほとんどの化合物における各元素の酸化数を表現できる．たとえばその昔，骨折したあとの固定処置によく用いられたギプス（石膏）は硫酸カルシウムであるが，化学式は $CaSO_4$ である．（実際には結晶水の異なるいろいろな形がある．）このなかの硫黄の酸化数を求めてみる．

$$\begin{array}{llrcl}
\text{カルシウム} & \text{Ca} & +2 \times 1 & = & 2 \\
\text{硫黄} & \text{S} & x \times 1 & = & x \\
\text{酸素} & \text{O} & -2 \times 4 & = & -8 \\
& & \text{総和} & & 0
\end{array}$$

上記の2の条件から総和がゼロとなるはずである．したがって $x=6$ だから硫酸イオンのなかの硫黄の酸化数は $+6$ となる．

酸化数を記すにはアラビア数字だとイオンの価数と紛らわしいので，ふつうにはカッコで囲んだローマ数字を用いる．今の場合なら $Ca(II)$，$S(VI)$ のようになる．ただもともとのローマ数字にはゼロや負数はなかったので，このあたりは仕方ないから $Ar(0)$，$O(-II)$ のように書く．

これを使うと，酸化還元反応の記載はずっと簡単になる．受験時代におなじ

みの，過マンガン酸カリウムで硫酸第一鉄（緑礬，現代風には硫酸鉄（II））を酸化する反応など，たぶん次のようにテキストには記してあり，「受験の神様」たちはこれを暗記するようにとご託宣を賜ったはずである．

$$2\,KMnO_4 + 10\,FeSO_4 + 8\,H_2SO_4 \rightarrow$$
$$K_2SO_4 + 2\,MnSO_4 + 5\,Fe_2(SO_4)_3 + 8\,H_2O$$

だが，両辺で酸化数の変化しない化学種は反応には関係しないのだから

$$Mn(VII) + 5\,Fe(II) \rightarrow Mn(II) + 5\,Fe(III)$$

というのが正味の反応である．両辺の酸化数の和がそれぞれ等しくなっていることを確かめよ．（酸化還元反応は電子の受け渡しだけだから，酸化剤の方の酸化数が減った分だけ還元剤の方の酸化数が増えるはずである．）もう少しわかりやすく過マンガン酸イオンと水素イオンを使って表現すると

$$Mn(VII)O_4^- + 5\,Fe(II) + 8\,H^+ \rightarrow Mn(II) + 5\,Fe(III) + 4\,H_2O$$

硫酸イオンやカリウムのイオンは単に左右両辺の原子数を合わせるためにのみ必要なのであるから，それぞれが中性塩（または分子）の形となるようにすればたちまちに暗記させられた式が組み上げられる．

　過マンガン酸カリウムは現在の日本薬局方にも収載されていて，分析試薬のほかに収斂剤や含嗽剤，あるいはアルカロイド性毒物の解毒（もちろん酸化作用によって分解させる）に利用されるのだが，その昔はコレラやチフスなどの消化器系伝染病の患者の排泄物の殺菌にも用いられた．

　有機化合物の場合には，酸素が付加すること，あるいは水素が奪われることが「酸化」にあたり，水素が付加すること，あるいは酸素が奪われることが「還元」となる．たとえばエチルアルコールは体の中で

$$C_2H_5OH \rightarrow CH_3CHO \rightarrow CH_3COOH \rightarrow 2\,CO_2 + 2\,H_2O$$

のように代謝されて二酸化炭素（炭酸ガス）と水になるのだが，これは明らかに酸化反応であることがわかる．アルコールランプなどで直接火をつけて燃やす（つまり空気中の酸素で酸化する）と一足飛びに最後の段階まで行ってしまうのだが，体内でのエネルギーの有効利用のためにはこのような多段階の酸化反応の方がずっと有利なのである．

## 6・1 酸化還元反応

　医療や看護の現場に限らず,「消毒」とか「殺菌」という言葉はすっかりおなじみのものとなっている．だがこれが化学反応の利用であるということはほとんどの本にはふれられていない．一つには,病原体微生物がきちんと認められるより前に,まったくの経験に基づいた薬品による消毒がすでに試みられていたからでもある．中世ヨーロッパのように戦争の絶えなかった時代,外科医は手術に際してブランデーなどの蒸留酒,あるいはワインビネガーなどを浸した布で拭くとか,煮立てたオリーヴ油を注ぐなど,ずいぶん荒っぽく,患者にはかなりの苦痛をともなったが,それなりの処置法がとられていたことは,当時の文学作品などにも散見する．

　ほとんどの病原体微生物は,強力な酸化剤に対しての抵抗力が小さいので,酸化剤系の殺菌・消毒剤のものが次第に使われるようになった．もちろん人体まで酸化してしまうようなものでは困るから,ふさわしいものが選択されてきた．中でも下のようなものがおなじみであろう．

　さらし粉（次亜塩素酸塩），オキシドール（過酸化水素水），過マンガン酸カリウム，オゾン，ヨウ素

　ほかにもあるがこのぐらいにしておこう．

　このほかの消毒・殺菌用薬剤としては,細胞膜のタンパク質を変性させるもの（昔ながらのマーキュロクロムやチメロサールなどの水銀製剤や,消毒用アルコール,石炭酸（フェノール）やクレゾールなど），あるいはイオンチャネルをブロックするもの（ヒビテン（クロルヘキシジン）や塩化ベンザルコニウムなど）がある．詳しくは薬理学のテキストを参照されたい．

　酸化性の消毒薬がたくさんあるのは,有害な病原微生物に,いわゆる「嫌気性」のものが多いからでもある．「嫌気性」とはもともとは「酸素があると生存できない」というのが本来の意味だったのだが,現在では「酸素がなくとも生きられる」性質を意味する．このような微生物は,酸素濃度が大きくなると死んでしまうことが多い．つまりこれらに対して酸素は一種の「毒ガス」的な作用をももっているからである．酸素の代わりに強力な酸化性の化合物でも同様な働きを示す．

昨今新聞紙上などでよく見かける「活性酸素」という言葉があるが，これは化学的にはあまりきっちりした定義をもっていない．強いて言えば「エネルギーを余分にもちすぎた酸素の化合物（またはイオン）」というぐらいであろう．その典型的なものとして「超酸化物（スーパーオキシド）」が挙げられるが，これは $O_2^-$，つまり酸素分子に余分に1個の電子がついた形である．

金属カリウムは空気中ではすぐに発火して酸素と化合し，白い粉末となるが，ここで生じるのは $KO_2$，すなわち超酸化カリウムと呼ばれるものである．（金属ナトリウムなら $Na_2O_2$（過酸化ナトリウム）しかできない．）

ところで，このようなエネルギーを余分にもちすぎた化合物を生体中で分解してくれる酵素があり，SOD (superoxide dismutase) と略称されている．だから量が少なければこの酵素が全部処理してくれるし，有害物質を分解するのにも使えるはずなのだが，多すぎるといろいろな悪さをする．

たとえば，ガンの組織は健康な体組織よりも水素が少ない（つまり酸化された形である）ので，この生成原因の一つに，水素を奪いとる作用の激しい「活性酸素」化合物があるのではないかといわれている．

## 6・2　酸化剤の消毒薬

### 6・2・1　次亜塩素酸塩

酸化剤の消毒薬として中でも有名なのは，ウィーン大学のゼンメルワイス (1818–1865) の考えた，産褥熱の予防のためのさらし粉水溶液の利用であった．1847年当時のウィーン大学医学部の産科病棟は二つあり，第一産科は医師と医学生，第二産科は助産婦のチームがそれぞれ管轄していたが，第一産科病棟の産褥熱死亡率が著しく高かった．ゼンメルワイスは，親友だった法医学のコレチュカ教授が，死体解剖の際にメスで手に傷つけた結果敗血症になって命を落したのを見て，自分の担当している第一産科病棟の産褥熱の患者と症状がそっくりであることに気づき，これは死体からの毒素か毒物が傷口から体内に入るのが原因ではないかと考えた．（当時の産科の担当の医師や医学生は，解剖

## 6・2 酸化剤の消毒薬

**図6・1** ゼンメルワイスの手洗い鉢といわれているもの

実習のあと直ちに回診にまわることになっていた.)

　そこでゼンメルワイスは病棟の入り口にさらし粉の水溶液を入れた大きな手洗い鉢をおき，スタッフはすべてこれで十分に手をきれいにしてからでなくては入室を許可できないと厳命した．もちろんスタッフには（自分たちが病気の原因だとはとても思えなかったので）悪評さくさくだったが，この効果はてきめんで，彼の担当していた病棟の産褥熱による死亡率は，それ以前の20％弱から1％そこそこにまで劇的に低下した．

　けれども彼の上司であった産婦人科の教授は，この結果をどうしても認めようとせず，失意のゼンメルワイスは郷里のブダペストの医科大学にもどり，そこで解剖実習中に助手の手が滑ってメスで傷を負い，コレチュカと同じように敗血症で亡くなった．

　十数年後にエディンバラのリスター（1827-1912）が石炭酸（フェノール）消毒を導入し，ゼンメルワイスの業績を再評価するまで，まったく認められぬままであった．

　塩素そのものは強力な酸化剤であるが，水にはそれほどよく溶解するわけではない．だから上水の殺菌や漂白などに用いられているが，それぞれの用途に

よって，塩素ガスの形よりも，取り扱いに便利な別の化合物を利用することとなる．

塩素そのものを用いて繊維や布地などを漂白することは，シェーレ（1742-1786）が塩素を単離してまもなくの18世紀の末頃から行われたようである．だが，何しろ気体なので扱いにくいし，人体に毒作用もある（第一次大戦の折りに毒ガスとして戦場で使われた）ので，まず水溶液（塩素水），ついで消石灰に吸収させた形のもの（漂白粉）が次第に用いられるようになった．この漂白粉利用の創始者は，蒸気機関の発明で名高いジェイムズ・ワットだったという．

$$Cl_2 + 2\,OH^- \longleftrightarrow Cl^- + ClO^- + H_2O$$

アルカリとして消石灰（$Ca(OH)_2$）を使うと，塩化カルシウムと次亜塩素酸カルシウムの混合物ができる．「漂白粉（さらし粉）」はこの混合物を指している．ドイツ語でChlorkalkと呼ぶので，日本語化したときに「クロールカルキ」となった．だから水道水の塩素の臭いを「カルキくさい」といっているのだが，石灰の方が臭うわけはなく，塩素の方の臭いである．

ゼンメルワイスが消毒用に使ったのはこの漂白粉の水溶液であった．だが，消石灰はあまり水に溶けないので，この代わりに苛性ソーダ（不純な水酸化ナトリウム）水溶液に溶かすと，かなり濃厚な$NaClO$を含むものができる．これは「ジャヴェル水」と呼ばれたものであるが，現在の「塩素系漂白剤（『キッチンハイター』など）」はこれにほかならない．これらの殺菌力は塩素そのものではなくて，次亜塩素酸イオン$ClO^-$の酸化力を利用したものである．

今から十数年以前に大阪周辺で，トイレで清掃用の塩酸とこれらの塩素系漂白剤を混合して使って，塩素中毒で落命した主婦が続出したことがある．「化学は自分の身を守るためにある」ということをきれいさっぱり忘れた結果でもあろう．

上の反応は，$OH^-$がたくさんあると右に進んで$ClO^-$ができるのだが，これに$H^+$を加えると$OH^-$が中和されて水になるから，逆に左に進行することになる．すると$ClO^-$がどんどん減少して$Cl_2$（毒ガス！）が猛然と発生する．中学校の実験などで，小規模に塩素ガスを必要とする折りには，塩素ボンベなど

は大きすぎて不便だし，危険でもあるので，ポリ袋の中などでこの反応によりつくっている．だが，密室に近いトイレの中で，かなり濃い塩酸とかなり濃い次亜塩素酸塩溶液を大量に混合したのだから，自分でわざわざ毒ガスチェンバーをつくったことになる．（これは「有効塩素分」という記載があるので，本当に塩素（$Cl_2$）をつくった方が利くと考えた家政学の専門家がいたためだそうである．実はこの「有効塩素分」とは強い酸化力をもつ $ClO^-$ のことなのである．もっとも細菌によっては，もっと中性に近い弱アルカリ性の条件で使った方が有効な場合がある．）

### 6・2・2 オキシドール

過酸化水素（$H_2O_2$）の3％水溶液がオキシドールである．救急箱などに入っているが，傷口に塗布すると，血液や体組織中のカタラーゼによって分解を受け，酸素を生じて泡立つ．これにより殺菌，消毒作用を示すのだが，同時に泡とともに有害細菌などを外部へ送り出してしまう（『オキシフル』は商品名である）．実験室などでは試薬として30％濃度のものをよく使っている．以前に東京の高速道路の上であった，過酸化水素によるタンクローリーの爆発の事故は，この濃厚過酸化水素水によるものであった．なお，無水の（純粋な）過酸化水素はきわめて爆発しやすく危険なものである．

過酸化水素を最初につくったのはフランスのテナール（1777-1857）で，1820年頃のことであったが，実際に消毒，殺菌に利用されるようになったのはずっとあとで，第一次大戦よりも後の1925年頃であった．だから病院などよりも一般家庭での消毒用に用いられておなじみとなっている．

### 6・2・3 オゾン

酸素の無声放電，あるいは紫外線照射でつくられる $O_3$ 分子は，強い酸化能力をもつので多くの有機化合物を分解する能力がある．だから殺菌にも用いられる．だが，気体なので扱いにくいこともあって，用途は限られている．フランスなどでは上水の殺菌にオゾン消毒を用いている地域もある．

もちろんこれならあとに「カルキの臭い」は残らないわけであるが，残念なことにこれによる殺菌効果は水道水の場合にはあまり長続きしないので，衛生面の方からはかなり問題があるとされている．

### 6・2・4　過マンガン酸カリウム（$KMnO_4$）水溶液

濃い紅紫色の過マンガン酸イオンの色はきわめて印象的であり，分析試薬として有名であるが，その昔は前述のように伝染性の消化器疾患（チフスやコレラなど）に罹患した患者の排泄物の滅菌消毒用に欠かせないものであった．現在では廃液処理問題などもあって用いられることは少なくなったが，やはり強力な酸化作用が利用されているのである．谷崎潤一郎の作品に『過酸化マンガン水の夢』というのがあるが，この「過酸化マンガン水」とは過マンガン酸カリウム水溶液のことで，その昔の医師たちがこう呼んでいたのである．放射性物質で皮膚が汚染されたときの除染（デコンタミネーション）にも使われる．

### 6・2・5　ヨウ素

ヨードチンキやルゴール液は諸君にもおなじみのものであろう．これらはい

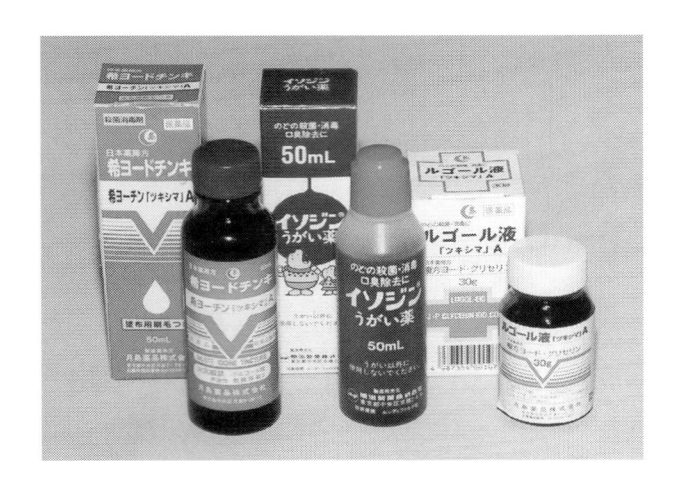

図6・2　ヨードチンキ，イソジン，ルゴール液

ずれもヨウ素（$I_2$）の穏やかな酸化作用を殺菌に利用している．ただヨウ素自体は水には溶けにくいし，揮発しやすいので，ヨウ化カリウムを加えて $I_3^-$ の形として溶液にする．局方エタノールに溶解させたのが「ヨードチンキ」，グリセリンを含む水溶液に溶かしたのが「ルゴール液」である．（なおグラム染色などに使うルゴール液は水溶液で，グリセリンを含まない．）

# 第 7 章

# 重要な無機の元素

　生体，特に人体の構成成分元素は大きくいくつかに区分できる．

　自然界に存在する元素は，原子番号92番のウランまで（人によっては宇宙線などとの核反応で生成するネプツニウムやプルトニウムまでで94種と主張する向きもある）あるのだが，人体に含まれる元素はこの中のかなり限られたものだけである．しかもその中で，体組織を構成している元素群，血液やリンパ液などの体液の機能に貢献している「電解質元素」，さらに酵素やホルモンなどの成分として重要な役割を果たしている「微量元素」がある．

　イギリスのサイエンスライターであるJ. エムズリーが『The Elements』というデータ集を出している．現在入手可能なものは1998年刊行の第三版である．これから人体中に含まれる元素のリストをつくって，量の多い方から並べてみたのが**表7・1**である．

　この元素の中で，コバルトより含量が少ないものは，おそらく本来はヒトの生存にはなくてもかまわないものだろうと考えられている．

　このリストで最初の方に位置するC，H，O，Nは，有機化合物の主成分であり，体組織の成分であるタンパク質，脂質，糖質を形づくっている．硫黄はシステインやメチオニンなどの含硫アミノ酸の成分でもあるが，そのほかにスルホン酸や硫酸エステルの形でいろいろなところに存在している．もっともその量はさほど多くはない．ニンニク（大蒜）やニラ（韭）やネギなどの臭気や催涙性成分も，硫黄を含む有機化合物のせいである．

　リンはリン酸塩の形で骨や歯に，リン酸エステルの形で核酸やATPなどに

表7・1　人体の成分（体重70 kgの人間の平均含量（mg））

| Z | 元素 | 含量（mg） | Z | 元素 | 含量（mg） | Z | 元素 | 含量（mg） |
|---|---|---|---|---|---|---|---|---|
| 8 | O | 43000000 | 13 | Al | 60 | 51 | Sb | 2 |
| 6 | C | 16000000 | 48 | Cd | 50 | 41 | Nb | 1.5 |
| 1 | H | 7000000 | 58 | Ce | 40 | 40 | Zr | 1 |
| 7 | N | 1800000 | 56 | Ba | 22 | 57 | La | 約0.8 |
| 20 | Ca | 1000000 | 22 | Ti | 20 | 31 | Ga | <0.7 |
| 15 | P | 780000 | 50 | Sn | 20 | 52 | Te | 約0.7 |
| 16 | S | 140000 | 53 | I | 12–20 | 39 | Y | 0.6 |
| 19 | K | 140000 | 5 | B | 18 | 81 | Tl | 0.5 |
| 11 | Na | 100000 | 28 | Ni | 15 | 83 | Bi | <0.5 |
| 17 | Cl | 95000 | 34 | Se | 15 | 49 | In | 約0.4 |
| 12 | Mg | 19000 | 24 | Cr | 14 | 21 | Sc | 約0.2 |
| 26 | Fe | 4200 | 25 | Mn | 12 | 73 | Ta | 約0.2 |
| 9 | F | 2600 | 3 | Li | 7 | 79 | Au | 0.2 |
| 30 | Zn | 2300 | 33 | As | 7 | 23 | V | 0.11 |
| 14 | Si | 約1000 | 55 | Cs | 約6 | 90 | Th | 約0.1 |
| 37 | Rb | 680 | 80 | Hg | 6 | 92 | U | 0.1 |
| 38 | Sr | 320 | 32 | Ge | 5 | 62 | Sm | 約0.05 |
| 35 | Br | 260 | 42 | Mo | 5 | 4 | Be | 0.036 |
| 82 | Pb | 120 | 27 | Co | 3 | 74 | W | <0.02 |
| 29 | Cu | 72 | 47 | Ag | 2 | 88 | Ra | $3.10 \times 10^{-8}$ |

含まれている．

「電解質元素」に属するものは，血液の成分として重要なグループである．ナトリウム，カリウム，カルシウム等の陽イオン，炭酸水素イオン（重炭酸イオン）や塩化物イオンなどが主であるが，ほかにリン酸や硫酸のイオンも含まれている．

これ以外の「微量元素」に属するもののうち，身体活動になくてはならないもの（「必須元素」）と，必須かどうかわからないものがある．また，他の動物では必須であることがわかっているが，ヒトではまだ確認されていないものもかなりある．ただこれらはやはり，量こそ少なくとも身体機能に欠くべからざるものと考えておいた方がよさそうである．

栄養学の方でよく「ミネラル」などと一括して呼ばれているが，生体には重要らしい元素がほかにもいくつもある．だが，たくさんありすぎると毒作用の

方ばかりが顕著となるので,マスコミにとかく「有毒」というレッテルを貼られて,世人から悪玉扱いにされているものも少なくない.

また,ルビジウムやストロンチウムなどは結構たくさんあるようにみえるが,別にこれらが身体機能に重要な役割を果たしているとは考えられていない.おそらくは,それぞれカリウムやカルシウムと一緒に紛れ込んできているだけだろう.ほかにも,結構な量が人体に含まれているのにどんな役割を果しているのか未だにわからない元素もある.

無機質の薬剤として現在でもよく用いられている化合物には**表7・2**のようなものがある.

だが,たとえ有毒であるにもせよ,生理活性があるということは,少なくとも生体に何らかの影響を及ぼすことが可能ということだから,その昔は多少の副作用に目をつぶっても,「命あっての物種」というわけで,ずいぶん激越な作

**表7・2** 医療・看護で重要でポピュラーな無機化合物

| | |
|---|---|
| 硝酸銀　$AgNO_3$ | 収斂剤 |
| 硫酸バリウム　$BaSO_4$ | 造影剤 |
| 硫酸カルシウム　$CaSO_4$ | 固定用剤(ギプス) |
| 硫酸鉄(II)　$FeSO_4$ | 貧血治療薬 |
| 過マンガン酸カリウム　$KMnO_4$ | 消毒剤(外用) |
| 臭化カリウム　$KBr$ | 鎮静剤 |
| 塩化カリウム　$KCl$ | 心拍制御用 |
| 硝酸カリウム　$KNO_3$ | 利尿剤 |
| ヨウ化カリウム　$KI$ | 甲状腺用ヨウ素分補給 |
| 硫酸アルミニウムカリウム　$KAl(SO_4)_2$ | 収斂剤 |
| 炭酸リチウム　$Li_2CO_3$ | 躁鬱症コントロール |
| 硫酸マグネシウム　$MgSO_4$ | 下剤 |
| 炭酸水素ナトリウム　$NaHCO_3$ | 制酸剤 |
| ヨウ化ナトリウム　$NaI$ | 甲状腺用ヨウ素分補給 |
| 炭酸アンモニウム　$(NH_4)_2CO_3$ | 気付け薬 |
| ジクロロジアンミン白金(シスプラチン)<br>$cis$-$[Pt(NH_3)_2Cl_2]$ | 制ガン剤 |
| フッ化スズ(II)　$SnF_2$ | 歯牙強化用 |
| フルオロリン酸ナトリウム　$Na_2PO_3F$ | 歯牙強化用 |
| 亜鉛華(酸化亜鉛)　$ZnO$ | 収斂剤,創傷治癒促進,歯科用セメントなど |

用をする化合物を薬剤として治療に用いることもあった．もちろん名医の匙加減がなくてはダメだった．

16世紀頃に活躍したパラケルススやノストラダムスは，水銀や「砒素」など，当時は毒薬とみなされていたものを巧みに処方して，当時のヨーロッパで猖獗をきわめたペストや梅毒などの治療を行って，名医として世界的に有名になったのである．もう少し後の18世紀になっても，ハプスブルク家のマリア・テレジア女帝の侍医だったヴァン・スヴィーテン男爵は，昇汞（塩化第二水銀，$HgCl_2$）による梅毒治療を考案し，これが長崎出島のオランダ商館付き医官だったツュンベリー（ツンベルクともいう．植物分類学のリンネの高弟であった）の手により日本にもたらされ，やがて蘭学者の杉田玄白らの手によってわが国でも普及したのは有名である．杉田玄白（1733–1817）は現在では『ターヘル・アナトミア（解体新書）』の翻訳者として名高いが，生前はむしろ新手法（オランダ渡り）による梅毒治療医としての方がはるかに有名であった．

昇汞は猛毒であるが，以前の病院などではこの水溶液を外科手術時の消毒用によく使用していた．昇汞自体は無色なので，水溶液にしても無色透明のままだから，フクシンなどの紅色の色素で着色したものが琺瑯引きの洗面器に入れてあったものである．さすがに廃液処理がやっかいとなるとこの使用は廃れてしまった．現在では逆性石鹸（陽イオン性の界面活性剤，ヒビテンなどと呼ばれるクロルヘキシジン製剤が有名である）に置き換えられている．

ウランまでの元素は，地球創世時以来連綿として存在していたのだから，人間サマよりはるかに先輩格である．だからどの元素にせよ，それぞれの限界量まではヒトにとって無害・有益であるはずだが，化学形次第では猛毒と化する．たとえばリンは骨格や核酸，ATPなどの構成成分で重要な元素であるし，植物の生育にも欠かせない（肥料の三大成分の一つ）．だが，これらの中ではリン酸塩やリン酸エステルの形である．ところが，元素単体の黄リンは，その昔はマッチの頭薬や，殺鼠剤（ネコイラズ）などに用いられたこともある．しかし，激しい毒作用のためにこれらへの利用は中止されてしまった．

『複合汚染』などの力作をものされた故有吉佐和子女史が，さる大学の先生

をつかまえて「カドミウムはどうしたら壊すことができますか？」と質問されたそうである．「何でも壊せば無害になる」という単純な発想が公害などの原因だと喝破された女史にしては，いささか奇妙である．悠久の昔から存在していた元素を破壊したら，もっと危険な放射性核種が多量に生成することになってしまうのである．

まだ働きのわからない微量元素でも，ひょっとしたら現在のところまだ未知の重要な酵素の活性中心となっているかもしれないが，ヒトの場合はこの追求が難しいのでまだわからない．（マウスやラットと違って，あまりにも雑食性なので欠乏症状がはっきりしないのである．）現在でもきちんとした治療法のないいろいろな疾患が，これらの微量元素の欠乏，あるいは代謝や吸収の異常によって起きている可能性はきわめて大きい．

昨今薬店に並んでいる「サプリメント」と称するいわゆるOTC薬品（処方箋なしで購入可能な薬品のことである）類がある．多くは外箱に大きく元素記号が印刷されている．暴飲暴食のために，平常は保存食品とサプリメントだけで暮らしているという恐るべきギャル（これじゃまさに実験動物のラットやマウスとほとんど同じ）もいるということであるが，本来のきちんとした日本風の食生活を営んでいれば，こんなものの必要性はさらさらないのである．

ところが，インスタント食品や奇妙な美容食などを摂取していると，これらの中には，本来身体に必要なこの種の微量元素の吸収を大きく妨げるものが含まれていることが多いらしい．中近東のさる地域では，亜鉛の腸管からの吸収をブロックしてしまうフィチン酸などを多量に含む穀物が主食となっているためか，発育不全で「矮人症」にかかる割合が多く，一時期の欧米のサーカスの「こびと」の大部分はここの出身者ばかりだったこともあったという．このような摂取障害の場合にこそ，まさに「サプリメント」の出番なのである．

# 第 8 章

# 物質の三態と溶液 ―拡散・浸透現象―

## 8・1 気体と溶液

われわれの住む地球には, 固体の水 (氷), 液体の水, および気体の水 (水蒸気) がともに存在している. この状態が地球上の生命をはぐくみ, またさまざまな代謝系を支配しているともいえよう.

どのような物質でも, 冷却すれば固体となり, 高温にすれば気体となる. その中間に液体が存在する場合と, ふつうには固体ができずに, 固体からいきなり気体ができる場合もある.

この相互関係を表す概念図を図8・1に示した. 気体から固体への変化は, 通常は固体から気体への変化とあわせて「昇華」と呼んでいるが, 区別が必要となる場合には「凝華」という言葉がある.

**図8・1** 三態間の変化

気体は圧力をかけると体積が小さくなるし, 温度を上げると膨張する. この関係を整理したのがいわゆる「ボイル－シャルルの法則」である. 圧力 ($p$, pressure), 体積 ($V$, volume), 温度 ($T$, temperature) の間には次のような関係式が成り立つ.

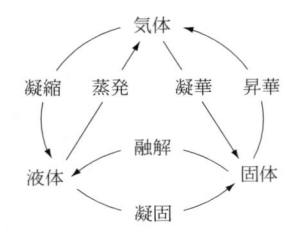

$$pV = nRT$$

ここで $n$ は気体のモル数, $R$ は気体定数 (gas constant) と呼ばれる定数で

8.314 J mol$^{-1}$ K$^{-1}$ に等しい．平常よく使われる気圧とリットルを用いると 0.08205 atm $l$ mol$^{-1}$ K$^{-1}$ となる．この式がよく「理想気体の状態方程式（状態式）」と呼ばれるものだが，現実の気体では低圧，高温条件においてよく成立する．沸点に近い温度領域や高圧条件下ではずれが大きくなる（でなくては気体の液化など起こらない）．物理化学や化学工学では，現実の気体を扱う際のこのずれの処理が重要であるが，今のところ医療や看護の現場ではそこまで詳細な取り扱いが必要となることはあまりない．

　生物学や医学では混合気体を扱うことがどうしても多くなる．だいたいわれわれの呼吸している空気自体が多成分の混合物である．このような系を扱うには，「ドルトンの分圧の法則」という便利なものがあるので，これを下に記しておこう．

　「圧力および温度が同一の理想気体の混合物においては，それぞれの成分気体のみが同一体積を占める場合の圧力（分圧）の和が全体の圧力となる」

　これだけでは何のことかわからないかもしれないが，われわれの呼吸する大気は，窒素と酸素とアルゴンの混合物（ほかの成分もあるがずっと少量なので簡単のためにとりあえず無視する）だとすると，この組成は**表 8・1 上**のようである．この場合それぞれの分圧は，**表 8・1 下**のようになる．全部足すと 1 気圧（760 mmHg すなわち 101325 パスカル）となる．

　血液中（赤血球中）におけるヘモグロビンの酸素飽和状態には，当然ながら肺胞中における空気の酸素分圧や二酸化炭素分圧が大きな影響を及ぼす．肺胞

**表 8・1　空気の主要成分とその分圧**

| 空気の主要成分（百分率） | | | |
|---|---|---|---|
| 窒素 | N$_2$ | 78.122 | |
| 酸素 | O$_2$ | 20.941 | |
| アルゴン | Ar | 0.937 | |
| 空気の主要成分の分圧 | | | |
| N$_2$ | 0.78122（atm）= | 593.72（mmHg）= | 79157（Pa） |
| O$_2$ | 0.20941（atm）= | 159.15（mmHg）= | 21219（Pa） |
| Ar | 0.00937（atm）= | 7.12（mmHg）= | 949（Pa） |
| 全部足すと 1 気圧（760 mmHg すなわち 101325 パスカル）となる | | | |

の中では二酸化炭素（炭酸ガス）の分圧は外気（通常は 0.00038 atm，すなわち 0.2 mmHg ぐらいである）よりもずっと大きく 25 mmHg ぐらいになっている．

　溶解度のあまり大きくない気体が液体に溶け込む場合，その溶解度は圧力（今の場合なら分圧）に比例する．これが「ヘンリーの法則」と呼ばれるのだが，いろいろな条件下で比較するには，むしろ単位体積の液体あたりに溶解する気体の体積の比を使う方が便利である．この比が「ブンゼンの吸収係数」と呼ばれるもので，当然ながら温度によって変化する（温度が上がると小さくなる）．いくつかの重要な気体について水に対する値を**表 8・2** に示した．

　二酸化炭素の水への溶解を考えると，体温付近（310 K）では 0.67，温度を下げて摂氏零度ぐらいにするとほぼ 2 倍の 1.2 ほどになる．だからコーラやサイダーなどの「炭酸飲料」を室温に放置してふたを開けると猛烈に気体が発生して吹きこぼれることがあるが，冷蔵庫に保存してからだとさほど激しくは泡立たない．（これらはほぼ 5 気圧程度の二酸化炭素を圧力をかけて溶かし込んでいる．）

　深海に潜水する場合，この圧力変化に伴う気泡の発生は大問題である．その昔「潜水病」とか「潜函（ケーソン）病」と呼ばれたのは，深海潜水夫や河底潜函工事の作業員に，呼吸のために圧搾空気を送るのだが，高圧条件下で血液に溶け込んだ窒素が，浮上（減圧）の途中で泡となり，圧力が減少すると体積がこれに反比例して大きくなることが原因である（ボイル – シャルルの法則を参照）．これが脳血管の中で起きると大変で，手足が動かなくなったり，時には死に至ることもある．現在ではこのために窒素の代わりにヘリウムを使った混合気体が用いられている．ヘリウムは血液に対する溶解度がずっと小さいし，

**表 8・2**　気体の溶解度とブンゼンの吸収係数

| | 溶解度（308.15 K） | ブンゼンの吸収係数（308.15 K） |
|---|---|---|
| 窒素 | $1.047 \times 10^{-5}$ | 0.0147 |
| 酸素 | $1.982 \times 10^{-5}$ | 0.0278 |
| アルゴン | $2.169 \times 10^{-5}$ | 0.03045 |
| ヘリウム | $6.987 \times 10^{-6}$ | 0.009814 |
| 二酸化炭素 | $4.80 \times 10^{-4}$ | 0.6739 |

気泡ができても血管壁を通過しやすいからである．（潜函作業もロボット掘削機などの導入で，以前ほどには人間が直接関与しなくともよくなった．）

　液体はほかのものをいろいろと溶かし込む．このような混合物のことを溶液といい，英語では solution という．相対的にわずかな物質（こちらは「溶質（solute）」）が相対的に多い物質（こちらは「溶媒（solvent）」）に溶けている混合物のことである．だから，物理化学の世界では「溶体」という言葉（英語は同じく solution である）もある．これなら固体の中に固体が溶けているもの（固溶体）や気体の混合物までを一括して論じられるからである．だが，看護や医療の世界では，その中でも液体の溶液だけを扱うことになる．生体系の場合に特に重要なのは，溶媒が水の系，つまり水溶液がほとんどである．（なお，化学工業界では solvent の訳語は「溶剤」であることに注意．マニキュアの除光液など「溶剤として酢酸エチルとアセトンを含む」のように記載されている．これは「モノを溶かす能力のある液体」という意味である．）

　溶液は通常は透明で均質なものである．「均質（homogeneous）」とは，「どこをとっても同じ」を意味する．「不均質（heterogeneous）」とは場所によって成分比が異なるようなものをいう．

　医療現場でおなじみのリンゲル液（リンガー液）や生理食塩水，輸液用のブドウ糖液（グルコース液）などはみな典型的な溶液の例である．

　溶液はいろいろな膜を通過するが，それぞれの膜の性質によって，溶質個々の挙動は異なる．これが最もよく活用されているのは（あまり気づかれていないが），腎臓における血液からの老廃物の除去（尿の生成）にほかならない．

## 8・2　拡散現象

　いま，部屋の隅で香水の瓶のふたを開けたとしよう．しばらくすると部屋の中どこでも香水の匂いを検知できるようになる．香水の成分の分子が，部屋の中の空気に拡散した結果である．

　いまでもゴキブリ駆除とかダニ駆除などのために，「バルサン」などの殺虫剤

8・2 拡散現象

膜

砂糖水　純水

○ ショ糖の分子

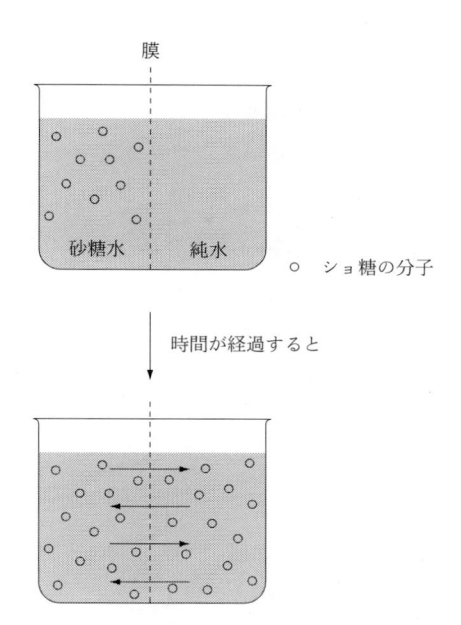

時間が経過すると

図8・2　拡散現象

を燻蒸したりするが，これも拡散のために，人の手の及ばないような隅々にまで蒸気がとどいてくれることを利用していることにほかならない

　それでは，**図8・2**のように選択性のない膜（単なる目の粗い網だってかまわない）で仕切った容器の片側に砂糖水（ショ(蔗)糖の水溶液）を，もう片側には純水を入れてみよう．

　時間が経つと，ショ糖の分子は膜（仕切り）を通過して移動して，膜の両側の濃度が等しくなるところまで進む．ここまでくると，ショ糖の分子は膜をどちら向きにも通過し，その数は相等しくなるので，濃度の変化は起こらなくなる．つまり全体の濃度が均一になるところまで混合が進むことになる．これが「拡散」である．われわれの身の回りには，この化学物質の拡散現象を利用しているものが実にたくさんあるのだが，どうも受験化学には導入しにくいためか，ほとんど無視されっぱなしである．

　タンスの中に防虫剤を入れることは昔から行われてきた．ずっと昔（たぶん

あなた方のおばあさまの世代）なら，クスノキでつくったタンスが嫁入り道具の目玉だったこともある．これはクスノキの材に含まれている樟脳（ショウノウ，この「樟」はクスノキのことである）の防虫作用を利用していたからである．ナフタリン（化学名はナフタレン）やパラゾール（パラジクロロベンゼン）などをわざわざ入れなくとも，タンスの材料自体から内部に拡散してくるショウノウのおかげで，高価な和服を長年月にわたって保存できたからである．

また，われわれの生命を保つのに不可欠な酸素は，空気から肺の毛細血管へと拡散して，静脈血に溶解する．血液に溶けた酸素はヘモグロビンが捉えるので，あとはまた拡散によって補給される．また，静脈血には二酸化炭素が過剰に溶解しているが，これも肺胞中へと膜を通じて拡散により排出される．

## 8・3 浸透現象

卵を食酢につけてみる．ふつうの酢よりも濃い酢の方がよいが，やがて外側の炭酸カルシウムの殻がとけて，ぷよぷよになる．この殻のとれた卵を壊さぬように取り出して，水の中に入れると，もっとふくらんでパンパンになる．つまり卵膜を通して水が卵の中に入り込んでいくのだが，卵の中身は外部に移動できないことがわかる．

これは卵の内部の溶液が，外側の水とは違っていろいろなもの（タンパク質など）を溶かしていて，高濃度の溶液となっているため，外部から水分子が膜を通過して浸入した結果である．自然界は，ほかの条件が許せばつとめて均一な組成になろうとする傾向があるのだが，この浸透現象もその一つの現れである．

卵膜は水分子は通過させるが，内部のタンパク質分子は通過させられないので，水が内部に浸入することになる．これを停止させるには，内部の方の圧力を高めなくてはならない．

よくU字形の管を使った模式図があるが，ここではもう少し簡単な仕切りのある図を使うことにする（図8・3）．ここの仕切りに使われている膜は，理想

## 8・3 浸透現象

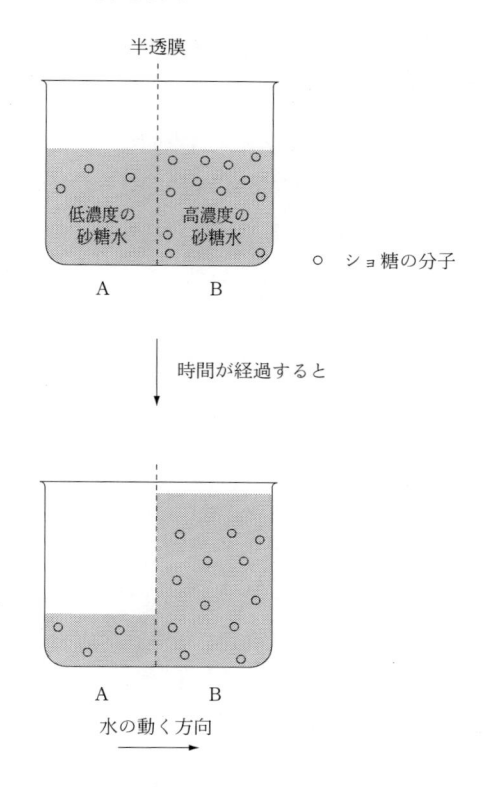

図8・3 浸透現象

的な場合には溶質の分子は一切通過させずに溶媒の分子だけを通過させることができるもので,「半透膜」と呼ばれる．実際の半透膜では,ほんとうに理想的な性質のものはまずないのだが,条件次第ではほぼ理想に近いものと見なせるケースも少なくない．

半透膜を隔てて,溶質の濃度が高いものと低いものの2種類の溶液が接していた場合,低濃度溶液の方から溶質分子が高濃度溶液の方へと移動していく．つまり全体が等しい濃度になろうとするのである．先の「拡散」の場合には,高い濃度の溶質が低濃度の方へと移動するわけだが,ここでは逆になる．これは溶質の移動が妨げられているためである．

『女の長風呂』というのは田辺聖子女史のエッセイのタイトルにもなっているが,長時間浴槽に入っていると,指先がふやけて皺だらけになることを経験

された方もあろう．これは，体内の液体の方が溶質濃度が高いから，皮膚を通して水分が浸入してくるためである．もちろん無制限に入ってこられては身体がパンクしてしまうから，皮膚表面近くの細胞がふくらんでブロックしてしまう．あちこちが体組織に固定されているのでデコボコ，しわしわになる．（水死体になると，このコントロールが利かなくなるのでどんどんふくらむことになる．「土左衛門」といわれるのは，その昔の力士だった成瀬川土左衛門なる大兵肥満（超アンコ型）の体つきとそっくりになってしまうからである．）

　溶媒の膜透過を妨げるには，高濃度溶液の方に圧力をかける．片方を純溶媒としたときにちょうど釣り合うような圧力が，この溶液の「浸透圧」である．もしこの浸透圧よりも大きな圧力を溶液にかけると，溶媒だけが絞り出されることになる．医療用にも使われる「逆浸透純水」というのはこの方法でつくられるし，昨今ではジュースの濃縮そのほかにも結構利用されている．新しい優秀な半透膜材料がいろいろと開発されたからである．なお，本当に理想的な半透膜（つまり溶質は一切通過させず，溶媒分子だけ通す膜）は現実にはないが，特定の溶質に限ってこのような性質をもつものはたくさんあり，われわれの身体もそれを巧みに利用している．

　この浸透圧（$\Pi$）を表す式は次のようになる．

$$\Pi V = inRT \qquad \Pi = \frac{in}{V}RT$$

これは理想気体の状態方程式（$pV = nRT$）とそっくりである．$i$ はファントホッフ係数と呼ばれるが，非電解質なら1，電解質の場合には組成や解離度に応じてもっと大きな値となる．$in/V$ はオスモル（Osmol）単位で測られる．ヒトの体温（37℃）は絶対温度にすると 310 K にあたるから，非電解質（ショ糖など）1 mol/$l$ の溶液の浸透圧は，気体定数 0.08205（$l$ atm K$^{-1}$ mol$^{-1}$）を用いて計算すると 25 atm ぐらいにあたる．血液の浸透圧は，この 0.3 倍ぐらいなので 7.5 atm 程度にあたるだろう．

　腎臓においては，動脈血液が糸球体を通過するときに，まさにこの逆浸透にともなって大部分の水分と老廃物が血液から除かれる．つまり動脈の圧力が水

8・3 浸透現象

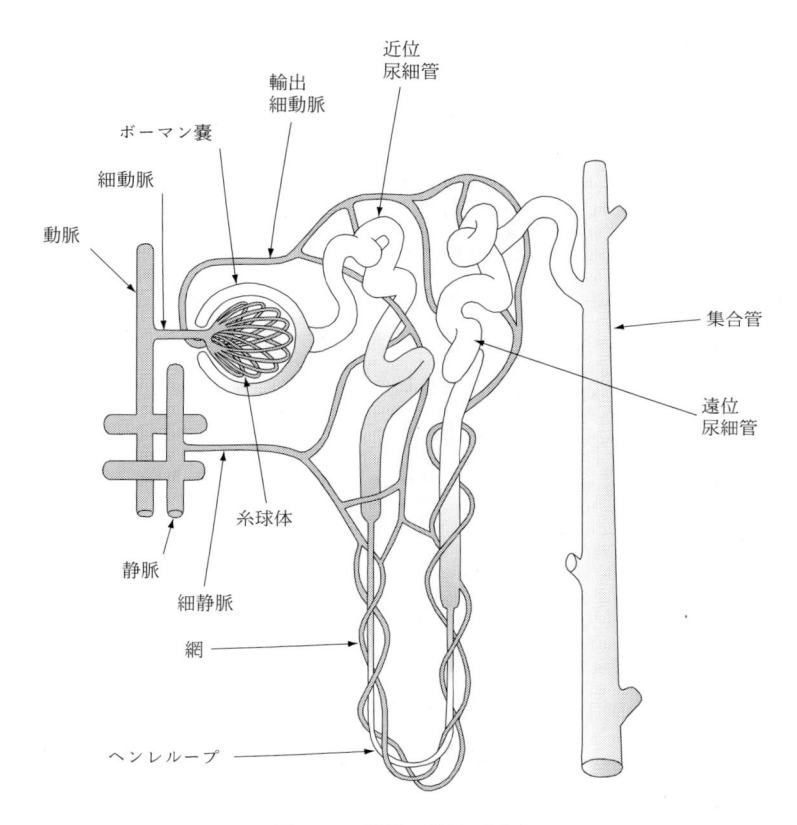

図の各部ラベル：動脈／細動脈／ボーマン嚢／輸出細動脈／近位尿細管／集合管／遠位尿細管／糸球体／細静脈／静脈／網／ヘンレループ

図8・4　腎臓の機能の図示

分を絞り出しているのである．ここでできたものを「原尿」という．この原尿が尿細管を通過するとき，今度は逆にほとんどの水分が再吸収されて静脈にもどり，不要な老廃物は吸収されずに尿として排出されることになる．

ただ，腎臓の糸球体では水分とともに血液に溶解しているいろいろな低分子量の物質やイオンなども血液から透過して除かれるが，尿細管で再吸収が起こる．カリウムイオンや尿酸などは再び回収されてしまう．痛風の薬として，尿酸の再吸収を妨げる薬剤が処方されるのはこのためである．

逆に考えると，このような「理想的ではない」半透膜の性質を巧みに活用して，生体機能を定常的に一定の条件に保持しているのが腎臓の重要な機能なの

である．本当に理想的な（つまり物理化学のテキストにあるような）半透膜だけしかなかったら，われわれの身体は有毒物質を排出することがほとんど不可能になってしまう．

　人工透析は，合成した半透膜を使って，腎臓と同じように血液中の老廃物を除去するのだが，やはりどうしてもヒトの腎臓の機能を完全に果たせるほどの効率や選択性をもたせるのはまだ難しい．それでも，優秀な半透膜がわが国で開発されたため，以前に比べると著しく小型化し，かつ高性能となった．（水道用の浄水器は，この半透膜の別な応用である．）

　アメリカではその昔，まだあまり性能のよくない半透膜が使われていて，透析外液に殺菌用に添加されていた明礬（みょうばん）のアルミニウムイオンが血液中に侵入し，これが脳に集積してアルツハイマー痴呆類似の症状（「透析脳症」と呼ばれた）をもたらしたこともあった．そのためにアルミニウムイオンがアルツハイマー病の原因だといわれたこともあるが，これはどうも原因と結果の取り違えだったようである．

　ある溶液の溶質濃度が，別の溶液よりも高い場合，「高浸透圧」であるという．逆にある溶液の溶質濃度が別の溶液よりも低いときには「低浸透圧」であるという．もっともここでの溶質濃度は，非電解質ならば同じように $mol/l$ で測ればよいのだが，塩化ナトリウム（食塩）などのような電解質になると違ってくるので，この場合には浸透圧に換算して同じになる濃度，つまりオスモル「Osmol」がよく用いられる．もっとも第3章でも述べたように，医学の現場ではオスモルは大きすぎて不便なので，通常はミリオスモル（mOsmol，時には mosmol と書くこともある）が繁用される．

　他の溶液と溶質濃度（オスモル単位）が等しい場合には「等浸透圧」であるというのだが，医学や看護学，生物科学の場合のように血液を基準としている場合には，浸透圧の高低を表すのに「高張液」「低張液」と呼ぶ方がふつうである．英語では「hypertonic」「hypotonic」となる．浸透圧が等しいことを「等張」と表現するが，これは英語の「isotonic」にあたる．よくスポーツ飲料などで「アイソトニックドリンク」と記してあるが，これはヒトの体液と等浸透圧

## 8・3 浸透現象

の液体（つまり等張液）であることを意味し，消化管での水分などの吸収が容易だろうというのである．（放射化学や核化学での「isotonic」とは違う意味であることに注意せよ．）

血液の浸透圧は通常 7.5 気圧ぐらいある．溶質濃度が 300 mOsmol ほどに相当している．生理食塩水やリンゲル液（リンガー液）などは血液と等張の液体（等浸透圧溶液）である．

理想的な半透膜の場合なら，ふつうには，低濃度（低浸透圧）の側から高濃度（高浸透圧）の方へと溶媒分子が移動していく．ここでもし高浸透圧の方に圧力をかけておくと，溶媒分子は逆方向に移動するしかないので，低濃度の側に溶媒分子が移動する．この現象を「逆浸透」という．蒸留水が得られない場所で純水が必要となったときなどに用いられる，ポータブルの逆浸透純水製造装置も市販されている．昨今のように，中近東各地などで騒乱が絶えない時勢だと，現場では注射液希釈用の蒸留水だって簡単には入手できない場合がある．このような折には携帯用の逆浸透純水製造器はきわめて貴重なツールとなる．

われわれの血液に含まれる赤血球は，純水の中に入れるとどんどん外部から水を吸収してパンクしてしまう．これが「溶血」現象である．ヘモグロビンの濃度を測定する場合などではわざわざ溶血させるのだが，血球数を測定する場合にはこれでは困る．このように血球を破壊せずにおくため，ふつうの血液と等しい浸透圧の溶液（生理食塩水か等張ブドウ糖液）を使う．

逆に血液よりも浸透圧の大きな液体（例えば海水など）に赤血球を入れると，こんどは水が血球内部から外部へと移動するので血球は小さくなり，もともと丸かった血球が金米糖のようにデコボコになる．このような現象をエキノシス（echinosis）とかクリネーション（crenation）という．「円鈍鋸歯状形成」という難しい日本語の訳も辞典には載っているが，ほとんど使われた例を見ない．どちらも「ツノだらけになる」ことを意味している．（ウニやナマコ，ヒトデなどの棘皮動物はラテン語でエキノデルマータ（Echinodermata）というが，文字通り「棘のある皮膚」という意味である．）

食品の貯蔵に砂糖漬や塩漬，酢漬が用いられるのは，このようにして細菌から水分を絞り出して繁殖できなくするのが第一目的である．貯蔵用の食品の場合には浸透圧にして少なくとも 15～20 気圧程度に保つ必要がある．長期間保存のための塩蔵品はもっとたくさんの塩分を添加していたし，ジャムやマーマレードなども多量の砂糖を含むものであった．

昨今はこれらの本来の保存食品でも「添加物」の少ない方が推奨されるようになったが，その代わりに保存性が落ちてしまった．梅干しも漬物もジャムも，本来ならば台所のどこにおいても構わなかったはずなのだが，「冷蔵庫に保存」の必要が生じてきたのは，市販品のほとんどがこれらの効果を犠牲にして，細菌やカビが繁殖可能の低浸透圧の製品ばかりをつくることになったからである．

〔演習問題〕

オスモル濃度は，時と場合によっては 1 千分の 1 のミリオスモルで表すこともある．この場合は mOsmol と書く．

ミリオスモルに換算するには，オスモル濃度を 1000 倍すればよい．

$$1 \text{ Osmol} = 1000 \text{ mOsmol}$$

a． 0.15 M の NaCl 溶液は ＿＿＿＿ Osmol にあたる．
b． 0.15 M の NaCl 溶液は ＿＿＿＿ mOsmol にあたる．

a． 0.30　　b． 300

〔例　題〕

白菜やキュウリなどの一夜漬けをつくるには，野菜の目方（重量）の 3％ ほどの食塩を添加して重石をかけるとよいという．昨今は早漬け用の漬け汁も販売されているが，この食塩濃度はラベルによると 8.5％ である．

この漬け汁の浸透圧はどのぐらいになるだろうか？（食塩以外の成分は，比較的わずかなのでとりあえず無視しよう．）

## 8・3 浸透現象

〔解答例〕

8.5％の食塩水だから，1 リットル中には 85 g の塩化ナトリウムが溶けていると見なせる．塩化ナトリウム 1 モルは 58.450 g だから 85/58.450 = 1.454 mol/$l$．これは 2.908 Osmol にあたる．先の式を使うと，温度を 300 K，気体定数を 0.08205 $l$ atm mol$^{-1}$ K$^{-1}$ とすれば 71.58 気圧ほどになる．（つまり塩濃度がずっと大きいので，重石をかけて一夜置かなくても早く漬かるということなのだ．）

# 第 9 章

# コロイド

## 9・1 コロイドとは何か

　溶液は均質な混合物であるが，一見均質に見えてもミクロにみると不均質な系がいろいろある．このようなものは通常「コロイド分散系」と呼ばれる．相対的にたくさんある方が「分散媒」，相対的に少ない方が「分散質」と呼ばれるのは，溶液の場合の「溶媒」と「溶質」に対応している．

　コロイドの分散質の粒子の大きさは，通常ならば 1〜100 nm（10〜1000 オングストローム）ぐらいである．時と場合によってはずっと大きな粒子を含めることもある（**表 9・1**）．

　エマルジョン（学会によっては「エマルション」と清音に定められているところもある）は「乳濁質」ともいう．バターなどのように分散媒が油性で分散質が水性の場合には「油中水滴型」，牛乳や石鹸水などのように逆に水が分散媒

表 9・1　コロイドの表

| 分散媒 | 分散質 | | |
|---|---|---|---|
| | 固体 | 液体 | 気体 |
| 固体 | 固体コロイド（色ガラスなど） | ゲル | 固体泡（キセロゲル） |
| 液体 | 懸濁質 | ゾル（エマルジョン） | 泡 |
| 気体 | 煙 | エーロゾル | （均一に混合してしまうのでコロイド分散系にはならない） |

になっているものは「水中油滴型」という．

　コロイドはその昔は「膠質」と呼んだこともある．通常の塩類のように結晶性のものの水溶液と，膠（ニカワ）やデンプンのように非晶質のものの水溶液にはいろいろと違いがある．

　暗所で溶液に光束を通したとき，散乱のために光の通路が脇から見えるいわゆる「ティンダル（Tyndall）効果」が観測されるとか，膀胱膜（その昔の実用的な半透膜であった）を通過できないことなどが中でも特徴的である．これは通常の顕微鏡では観測不可能な微粒子が存在するためであり，オーストリアのツィグモンディー（1865-1929，1925年ノーベル化学賞受賞）が「限外顕微鏡」をつくって，通常の顕微鏡の視野に直交する方向から強い光を当てたときの散乱光を利用してコロイド粒子を直接観測できるようになるまでは，それまでの物理・化学的手法では実に捉えにくいものであった．

　現在でのコロイドとは，きわめて小さい粒子が分散媒の中に懸濁しているものを指している．コロイド分散系は通常は透明で，時には乳白色を呈することもある（だから「乳濁質」と呼ばれることもある）が，濾紙は透過できても半透膜を透過することはできない．タンパク質やデンプンなどのように，分子自体が大きくて，一見したところ純溶液に見えるものでも実はコロイドであることが少なくない．

　ティンダル（1820-1893）は，通常の大気中には微細な塵埃（ちりやほこり）が浮遊しているが，ヒトの呼気（吐き出す息）にはこれが含まれていないことをこの散乱の有無によって明確に示すことに成功した．これが後の「無菌室」や「無塵室」の開発へとつながっていくのだが，パストゥールの有名なフラスコによる微生物の発生の実験でも，まだ目に見える証拠がないといって否定的だった19世紀中頃の学界の権威筋も，この証明のおかげで屈服した．

　ガラスの中に金属などの微粒子がコロイド状に分散している系もたくさんある．金の微粒子の分散した系は，粒子の大きさによって鮮やかな赤色から紫色の色調を示す．これによって巨大なルビーの模造を行った例もある．（天然には大きなルビーの結晶はほとんど産出しない．）

陶磁器の釉薬(ゆうやく)にも，ベンガラ（酸化鉄(Ⅲ)，$Fe_2O_3$）の微粒子を用いて鮮明な赤色を出す手法があり，戦前の小学校の教科書には，この発明に苦心した柿右衛門の話が載っていた．酸化鉄の赤い色が見えないほどの微粒子の懸濁液が必要なのである．

食品や医薬品にはこのコロイドが利用されている例が少なくないし，日用にもそれと気づかぬところに活躍している．

## 9・2　ゾルとゲル

コロイド分散系で，見たところ固体のものを「ゲル」といい，これに対して一見液体のものを「ゾル」と呼ぶことが多い．これはどちらも「Gel」「Sol」のドイツ語読みである．デンプンやタンパク質などが水に溶けている状態は「ゾル」である．これに対してプリンやゼリーなどが「ゲル」の典型であるが，化粧品や整髪料などにある「ジェル」も実は同じものである（英語読みになっている）．お菓子などの乾燥剤としておなじみの「シリカゲル」もそうであるが，これはもともとのケイ酸質のゲルを脱水乾燥したもので「キセロゲル」と呼ばれる．「キセロ」は xero- で，「乾燥した」という意味の接頭語である．（ゼロックス Xerox も，もともと乾式の複写機という意味であることは知っていて損はしない．）

いろいろなポリマー類にはこのキセロゲル類似の性質を示すものが少なくない．だから水などの分子を取り込んでも溶解せずに固まったままである．紙オムツなどでおなじみの水分吸収性のポリマーや，使用済みの天ぷら油を固めて廃棄するためのアクリル系のポリマーなどは，どちらもキセロゲルと見なすことができる．

コロイド溶液（ゾル）の中に特定のイオンや化合物を添加すると，固まってゲルが生じることが多い．豆腐やコンニャクは，原料はそれぞれ大豆のタンパク質やコンニャクマンナンのゾルなのだが，豆腐は塩化マグネシウム（苦汁，ニガリ）や硫酸カルシウムを添加するとできる．つまりゲル化するのである．

コンニャクは石灰水によって固める．この現象を「凝析」という．コロイド粒子が電荷をもっている場合，反対符号の電荷をもつイオンが凝析作用を示すが，その電荷が大きいほどわずかで済む．だから豆腐の原料の豆乳に塩化ナトリウムや硝酸カリウムなど（どちらも1価の陽イオンしか含まない）を添加するより，2価の陽イオンを含む塩化マグネシウムや硫酸カルシウムがわずかな量でずっと有効なのである．

逆にゲルを適当な操作や反応によってゾルにすることもあり，これは「解膠」とか「ペプチゼーション」という．消化器の内部では，酵素の作用によってタンパク質や糖質，脂質などが小さい粒子となり，やがてもっと小さな分子に分解されて吸収され，それで初めて栄養分となる．分解されなければ栄養とはなり得ないのである．

寒天でゲルをつくったもの（アガロースゲル）は羊羹や蜜豆そのほかの夏の食品や，細菌培養などでおなじみであるが，ヒトの消化管ではこのゲルを分解して栄養にすることはできない．だがよくしたもので，腸内細菌の中にはこれを分解して自分の栄養とすることが可能なものがあり，腸管内部の細菌相を健全なものに保つのに大きく貢献している．アガロースゲルは電気泳動でDNAの断片そのほかいろいろなものを分離する際にもよく用いられている．

〔例　題〕

コロイドの典型となるものとして，タンパク質を取り上げてみよう．

a．タンパク質のコロイド分散系は＿＿＿＿＿＿＿（光を遮断する／光を通過させる）だろう．

b．タンパク質のコロイド分散系は沈澱を生じることが＿＿＿＿＿＿＿（ある／ない）．

c．タンパク質のコロイド分散系は生体膜を＿＿＿＿＿＿＿（通過できる／通過できない）．

a．光を通過させる　　b．ない　　c．通過できない

多くのタンパク質はコロイドとして存在している．このようなタンパク質が腎臓の膜を透過できるだろうか？＿＿＿＿　また，NaClのような塩分は透過可能だろうか？＿＿＿

できない；可能

# 第 10 章

# 化学反応とエネルギー

## 10・1　エネルギー

「水は高きより低きに落ちる」とことわざにもいうぐらいだが，この世の中の万物は，エネルギーの高い状態から低い状態へと自然に変化する．エネルギーの高くなった状態は自然にはできないので，外部から何かの形でエネルギーを与えてやらなくてはならない．

実は化学反応も生体中の反応も同じなのである．われわれも含めた生物が生きていくためには，食物を摂取してその中の化学エネルギーをいろいろとほかの形に変化させて，それを利用している．ところで化学で扱うエネルギーは，ふつうの物理学のテキストなどに出てくるものとはちょっと異なり，いわゆる「自由エネルギー」と呼ばれるものである．

自由エネルギーには 2 種類あり，それぞれヘルムホルツの自由エネルギー（$F$）とギブスの自由エネルギー（$G$）と呼ばれる．下のように定義されている．

$$F = U - TS$$
$$G = H - TS = U + pV - TS$$

われわれがふだん取り扱う系は，等圧条件下のことが多いので，この場合にはギブスの自由エネルギー（ギブスエネルギー）の方がよく使われる．（等体積条件であれば，ヘルムホルツの自由エネルギーのほうが便利である．）

ここに出てくる記号は，$U$ は内部エネルギー，$p$ は圧力，$V$ は体積，$T$ は絶対温度で，$S$ はエントロピーと呼ばれる量である．$U+pV$ が $H$ で表されるが，こ

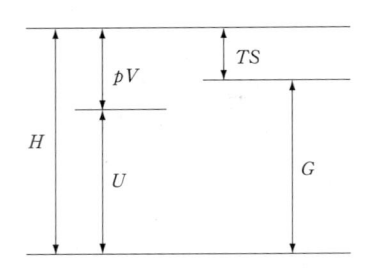

**図 10・1** 熱力学的関数の相互関係

れはエンタルピーという．熱化学方程式の右辺に現れる $\Delta H$ はこの変化分にほかならない．なお $pV$ はやはりエネルギーのディメンションをもつ量で，化学工学の方ではこれのことをよく「フローエネルギー」と呼んでいる．（物理化学コチコチの先生はお嫌いであるが，当量や規定度，オスモルなどと同じように，実用上便利で万国共通な概念はできるだけ使っていただきたい．）

温度，体積，圧力は実測可能な量であるが，$U$ や $S$ は絶対量を求めることがきわめて難しく，通常は変化分（$\Delta U$, $\Delta S$）だけが求められる．したがって自由エネルギーも $\Delta F$ や $\Delta G$ しか求められない．だがわれわれにとっては，この「変化分」こそが大事なのである．（絶対値がいくらであるかは，純粋理論化学者にとってのみの関心事である．）

実際に化学反応系を扱う場合のように，いくつもの化学物質を含む系では，このほかに成分の濃度（正確には活量濃度だが，近似的に等しいとおいても通常はかまわない）に依存する項を付け加えることとなる．

## 10・2 化学ポテンシャル

われわれが通常実験で対処する系（こういう表現だと恐ろしいが，ふつうに実験，実測を行う対象ということである）は，1気圧，室温（あるいは標準体温）に条件が設定されたものである．ここで，成分濃度によってギブスエネルギーの変化分が問題となる．正確に記述するには偏微分の基礎事項が必要となるのだが，今の場合に問題となるのは，それぞれの成分によってギブスエネルギー

## 10・2 化学ポテンシャル

がどのように変化するかである．正確な導出は煩雑でもあるので省略するが，この $i$ 番目の成分によるギブスエネルギーの変化はつまり $(dG/dn_i)$ として表す．これをいちいちカッコ付きの式で書くのは面倒でもあるので，$\mu$ を使って書くことが多い．これは「化学ポテンシャル」という別名をもっている．気体の混合物の場合には，全圧を $P_0$，問題の成分の分圧を $P_i$ としたとき，成分 $i$ の化学ポテンシャルは下のようになる．

$$\frac{dG}{dn_i} = \mu_i = \mu_i^0 + RT \ln\left(\frac{P_i}{P_0}\right) = \mu_i^0 + 2.303\,RT \log\left(\frac{P_i}{P_0}\right)$$

もっと精密なことを求められる読者は，「熱力学入門書」の類を一見されたい．ここでは成分が気体だけとして扱っているが，溶液ならばこの分圧のところが濃度（活量濃度）に比例することになる．対数関数になっていることに注意してほしい．

こうすると，等温等圧条件下でのギブスエネルギーの変化分（実はこれは起電力などの形で実測可能である）が成分濃度によってどのように影響を受けるかを解析することが可能となる．ケータイや自動車，電卓などにわれわれが平常利用している電池の類ももっぱらこの $\Delta G$ を利用しているわけである．pH 測定やイオン電極による微量イオンの定量などもこれを利用している．

生化学の方で重要な，ナトリウムやカリウムのイオンが細胞膜を通過する際の電位の変化は，神経パルスの伝達などにも重要な役割を果たしている．これをわずかでも撹乱するような性質の物質が摂取されると，時には生命にも関わることとなる．フグ毒などはその典型である．カリウムイオンの濃度が心臓の拍動には大きく影響し，心臓の弁の手術などで一時的に心拍を止める際にはカリウム塩の濃度の高い液体を灌流したりする．これをまったく理解せずに，輸液で希釈するはずの塩化カリウム溶液をいきなり静脈注射して心臓を止めてしまったという恐ろしい事故もあった．

特定のイオンにのみ応答する電極を使うと，そのイオンの濃度変化を起電力の変化として追跡できる．いわゆる「イオン電極」はこれによっている．酸素や水素のような気体でも電子授受の反応によってイオン化が起こる場合には，

同じように電極がつくれる．水素電極は

$$\frac{1}{2}H_2 + H_2O \longleftrightarrow H_3O^+ + e^-$$

のような反応を利用するのだが，ふつうにはこの平衡は反応速度が遅いためになかなか達成できない．白金の微粒子（白金黒）をつけた白金板を電極としてようやく可能となる．これで，水素の圧力を 1 atm としたものが標準水素電極（normal hydrogen electrode, NHE と省略して呼ばれることが多い）で，水溶液中の $H^+$（正確には上記のように $H_3O^+$）が $1\,mol/l$ のときの起電力を 0 V と定義し，これを元にいろいろな電極反応の測定を行うことになる．もっとも電位差（起電力）は片方だけでは測れないので，参照電極として飽和甘汞電極（saturated calomel electrode, SCE）や銀／塩化銀電極が用いられる．これらは条件さえきちんと満足させられれば起電力の変化がほとんどないので，これらの参照電極といろいろな電極の間の電位差を測定して，$\mathit{\Delta}E$ を求めることになる．この $\mathit{\Delta}E$ の変化が実は前に述べた $\mathit{\Delta}G$ に対応する（表 10・1）．

　なお，精密測定でどうしても必要な場合を別とすると，水素電極は実用上きわめて不便きわまりないものであるから，ほとんど同様な水素イオンとの応答を示す電極がいろいろと探索された．その結果，特殊な組成のガラスを用いるとかなり広い範囲で水素イオンと可逆的に応答してくれることがわかり，現在では水素イオン濃度指数（pH）測定用の電極にはこの「ガラス電極」がもっぱら用いられている．上記のように起電力は濃度（活量濃度）の対数に比例するのだが，常用対数の形に変えると下のような式となる．

$$E = E_0 + 2.303\frac{RT}{F}\mathrm{pH}$$

濃度と活量が必ずしも比例しないような試料の場合には，簡単な操作で活量

表 10・1　標準電極の電位

| | | |
|---|---|---|
| 標準水素電極（NHE） | 0 V | |
| 飽和甘汞電極（SCE） | + 0.246 V | （飽和塩化カリウム） |
| 銀／塩化銀電極 | + 0.201 V | （飽和塩化カリウム） |
| キンヒドロン電極 | + 0.699 V | pH = 0 |

計数(活量/濃度の比)をほぼ一定に保てるように,可溶性の単純な塩類の濃厚溶液を加えて総イオン濃度を一定に保つことがよく行われる.フッ化物イオンの定量などに用いられる TISAB は「全イオン強度調整緩衝液,Total Ionic Strength Adjusting Buffer」の略語であるが,活量係数に一番大きく影響するのがこの「イオン強度」であるため,緩衝液(フッ化水素酸は弱酸なので,pH を一定にしないと $F^-$ の量がどんどん変化してしまう)にかなりの濃度の塩化ナトリウムを添加したものを用いることになっている.

イオン強度 $I$ は,この活量計数を推定するための式を 1923 年に導いたデバイ(1884-1966, 1936 年ノーベル化学賞受賞)とヒュッケル(1896-1980)の導入したもので,陽イオンと陰イオンそれぞれのモル濃度 $x_i$ に電荷 $z_i$ の 2 乗を掛けて足し合わせた値の半分と定義されている,すなわち

$$I = \frac{1}{2}\sum_i z_i^2 x_i$$

である.塩化カリウムや過塩素酸ナトリウムなどの 1 価:1 価電解質ならば,モル濃度とイオン強度はほぼ等しくなる.

# 第 2 部
# 有機化学入門

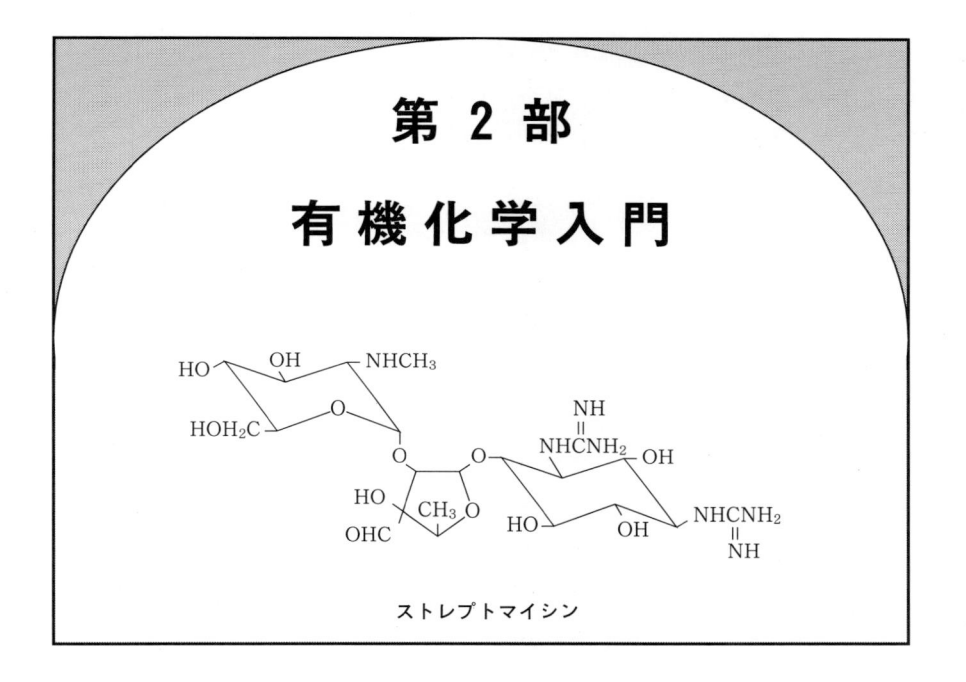

ストレプトマイシン

## は じ め に

　これから有機化学の勉強を始めます．
　有機化学の「有機」というのは，「生活機能を有する」とか「生命力を有する」という意味です．この学問がもともと動物や植物に由来する物質の研究から始まったので，この名称がつけられました．
　今日では，有機化学の対象となる有機化合物には，生物体からの物質ばかりでなく人工的に合成された天然にない化合物も含められています．
　有機化合物の共通点は，いずれも炭素原子を含んだ化合物ということです．$CO$ や $CO_2$ また $Na_2CO_3$ など，炭素化合物でも例外的に無機化学で扱われる化合物もあります．
　しかしこれらはごく少数で，おおかたの炭素化合物は他の元素の化合物とは

区別されて有機化学の対象となっています．

　化合物にこのような区別が設けられているものの，化学の基本原理は化合物全般に共通であることに留意してください．

　初学者には，有機化学はまことに複雑で難解なものと思い込んでいる向きが多いようです．

　しかし，有機化学は生物と深い関わりをもつ学問であり，医療関係を志す学生諸君には避けて通れない分野です．

　以下，有機化学の基本の基本をできるだけやさしく解説します．どの学問分野でもそうであるように，有機化学でもその基礎は決して難しく手に負えないというようなものではありません．

　とはいうものの，これは有機化学に通じている者の言い分で，入門者はいくつかの難関を通り抜けねばならぬと思います．覚えよう覚えようと気を揉まずに，忘れたら前に立ちもどって復習しながら理解を深めてください．

　情報量が多くまことに忙しい世の中ながら，「読書百遍意自ら通ず」の精神は大事にしたいと思います．

　読者諸君の努力を期待します．

　第2部の第11章〜第14章では有機化学の基礎を，第15章〜第18章では生体に関係の深い有機化合物を解説します．

# 第 11 章

# 分子の骨組み

## 11・1 構 造 式

有機化学では，構造式というものをさかんに使う．例えば，

$$
\begin{array}{cccc}
\mathrm{H} & \mathrm{H}\ \mathrm{H} & \mathrm{H}\ \ \mathrm{H} & \\
| & |\ \ | & |\ \ \ \ | & \\
\mathrm{H}-\mathrm{C}-\mathrm{H} & \mathrm{H}-\mathrm{C}-\mathrm{C}-\mathrm{H} & \mathrm{C}=\mathrm{C} & \mathrm{H}-\mathrm{C}\equiv\mathrm{C}-\mathrm{H} \\
| & |\ \ | & |\ \ \ \ | & \\
\mathrm{H} & \mathrm{H}\ \mathrm{H} & \mathrm{H}\ \ \mathrm{H} & \\
\text{メタン} & \text{エタン} & \text{エチレン} & \text{アセチレン}
\end{array}
$$

メタンは都市ガスの主成分である．エチレンはポリエチレンの原料物質であり，また果物や野菜の成熟促進にも用いられる化合物である．アセチレンは昔縁日などの灯用のガスとして用いられていた．

これらの構造式の意味するところは，メタンの分子は 1 個の炭素原子（C）に 4 個の水素原子（H）が 1 本の結合で結び付いている，ということである．エタン，エチレン，アセチレンについても同様である．ただこれらの化合物では C 同士の結合の様式が違っている．またその違いに対応して各 C につく H の数も違っている．

このことは，すぐ次に述べる「原子価のルール」から直ちに理解できるはずである．

構造式とは，このように，分子のなかの原子の連結の順序と結合の様式を表示する式である．この式の示す分子のさまを化学構造という．例えば，エチレンの化学構造は？ といえば，2 個の C が 2 本の結合で結ばれており各 C には

2個ずつのHが1本の結合でついている，ということである．文句でいえばわずらわしい分子の構造も，構造式では一目瞭然である．

有機化合物の分子を構成しているのは，炭素原子や水素原子ばかりではない．酸素原子（O），窒素原子（N），ハロゲン原子（Cl など）をはじめ，各種の原子が炭素原子に結合し得る．

分子のなかの原子の連結を考えるときの基本ルールは，「各原子は一定の原子価で化学結合をつくる」ということである．この原子価というのは，相手方との結合に用いる「手の数」のことである．

いくつかの原子について，原子価と結合の様式を示す（配位結合については p.103 を参照）．

H  
ハロゲン ｝ 1価　H−，F−，Cl−，Br−，I−（結合の仕方は1通り）

O　　　　2価　−O−，O＝（結合の仕方は2通り）

N　　　　3価　−N−，−N＝，N≡（結合の仕方は3通り）

C　　　　4価　−C−，＞C＝，＝C＝，−C≡（結合の仕方は4通り）

構造式の例をさらに加えれば，

```
   H H                    H H   H H
   | |                    | |   | |
H− C−C−O−H          H− C−C−O−C−C−H
   | |                    | |   | |
   H H                    H H   H H
  エタノール                  エチルエーテル
(エチルアルコール，または)    (ジエチルエーテルまたは)
(単にアルコール     )        (単にエーテル      )

      O                      H O
      ‖                      | ‖
   H−C−H                  H−C−C−O−H
                              |
                              H
  ホルムアルデヒド                酢酸
 （水溶液はホルマリン）
```

## 11・1 構造式

これらの式で1本の線（価標）で示される結合を単結合，2本，3本の価標で示される結合を，それぞれ二重結合，三重結合と呼ぶ．有機化合物にでてくる結合はこの3種類である．

構造式は，ふつう，次のように簡略化して書く．

$$CH_4 \quad CH_2=CH_2 \quad CH\equiv CH$$
メタン　　エチレン　　アセチレン

$$CH_3CH_2OCH_2CH_3 \quad HCHO \quad CH_3OH$$
エチルエーテル　　ホルムアルデヒド　　メタノール

それは，このように略しても，必要ならば，各原子の原子価と結合の様式から完全に展開した構造式にすることができるからである（この簡略化の際にC＝C，C≡Cの2本，3本の価標は残しておく）．

簡略化の例：

$$H-\underset{H}{\overset{H}{\underset{|}{C}}}- \longrightarrow CH_3- \quad -\underset{H}{\overset{H}{\underset{|}{C}}}- \longrightarrow -CH_2- \quad -\overset{O}{\underset{}{\overset{\|}{C}}}-H \longrightarrow -CHO$$

$$-\overset{O}{\underset{}{\overset{\|}{C}}}- \longrightarrow -CO- \quad -\overset{O}{\underset{}{\overset{\|}{C}}}-O-H \longrightarrow -COOH \quad -N\overset{H}{\underset{H}{\diagdown}} \longrightarrow -NH_2 \quad \text{など．}$$

〔問11・1〕次の構造式を結合を完全に展開した式にせよ．

(a) $CH_3CH_2CH_2CH_3$　　(b) $CH_3CH_2COCH_3$

(c) $BrCH_2COOH$　　(d) $CH\equiv CCH_2CH_2NH_2$

（問の答のヒントはp.177〜，以下の問についても同様）

長い鎖の化合物や環状の化合物については，次の(1)〜(3)のような構造式も用いられる．

(1)　　　　　(2)　　　　　(3)

このような線表示の式では,

1) 角（かど）のところや, 線と線の交点にはCがある. 線の端にもCがある.

2) これらの省略されたCの4価に満たない分はHである. このHも省略されている.

3) 1)と2)の省略されるC, H以外のものは省略されることはない.

4) C＝Cは2本の線で, C≡Cは3本の線で示される.

〔問11・2〕 先の（1）～（3）の式をC, Hを省略しない式にせよ.

〔問11・3〕 右の式は, コレステロールの構造式である. コレステロールは, 動脈硬化症などの原因の化合物として悪名が高いようである. しかし, この化合物は, 動物の生体膜の構成要員として, また体内で各種のホルモンがつくられる際の原料物質として, われわれの生命維持に不可欠なものである. コレステロールの分子式を示せ.

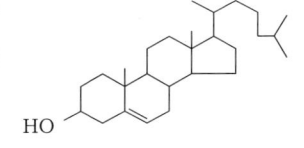

構造式の説明を終えるにあたって, 次の2点を強調しておきたい.

（1） 構造式は, 分子内での原子のならび方の順序と結合の様式（単結合か二重結合かまた三重結合か）を示す式である. この式は, 分子の立体的な構造, すなわち分子の形までも示す式ではない. この意味から, ふつうの構造式のことを平面構造式と呼ぶこともある.

（2） 構造式の異なる物質は必ず別個の化合物である. 構造式を異にするものが同一の化合物であるということは絶対にあり得ない.

## 11・2 骨組みからの化合物の分類

炭素原子は互いにいくつも結合し得る. その連なり方も鎖状ばかりでなく環状もとり得る. 炭素原子はまた水素, 酸素, 窒素, ハロゲンなどをはじめ各種

の異種の元素の原子とも結合する．さらに結合も単結合のほか二重結合，三重結合で結合をつくり得る．

このような事情から，有機化合物は各種各様の化学構造をとることができる．

これらは，化学構造の上から次のように整理されている．

1) 鎖式（または鎖状）化合物：原子の連結が環をつくらず鎖のようになっている化合物．枝分れがあってもよい．また炭素原子以外の原子が鎖の中に入っているものもある．

例：

$$CH_3CH_2CH_2CH_3 \quad CH_3CHCH_2CHCH_3 \quad CH_3CH=CHOCH_3 \quad \text{など．}$$
$$\quad\quad\quad\quad\quad\quad\quad\quad |\quad\quad |$$
$$\quad\quad\quad\quad\quad\quad\quad CH_3\quad CH_3$$

これらは，脂肪族化合物と呼ばれることもある．

2) 環式（または環状）化合物：原子の連結がネックレスのように環になっている化合物．

例：

$$\begin{array}{c}CH_2-CH_2\\ |\quad\quad |\\ CH_2-CH_2\end{array} \quad O\begin{array}{c}CH_2-CH_2\\ \diagup\quad\quad\diagdown\\ CH_2-CH_2\end{array}O \quad \begin{array}{c}OH\\ |\\ C\\ HC\diagup\quad\diagdown CH\\ |\quad\quad\quad ||\\ HC\diagdown\quad\diagup CH\\ C\\ |\\ H\end{array} \quad \text{など．}$$

2-1) 炭素環式化合物：環の構成員が炭素原子だけのもの．これには芳香族化合物と脂環式化合物がある．

芳香族化合物というのは，ベンゼン環という特殊な性質をもつ環系を含む化合物である．これについてはあとで解説する．脂環式化合物は，芳香族化合物以外の炭素環式化合物である．

2-2) 複素環式化合物：環の構成原子に炭素原子以外の原子が加わったもの．

例：上記の例のほか

$$\begin{array}{c} CH_2-CH_2 \\ \diagdown O \diagup \end{array} \quad \begin{array}{c} CH_2-CH_2 \\ | \quad\quad | \\ CH_2-S \end{array} \quad \begin{array}{c} CH_2-CH_2 \\ | \quad\quad | \\ CH_2\quad CH_2 \\ \diagdown N \diagup \\ | \\ H \end{array} \quad \begin{array}{c} CH \\ HC \diagup \diagdown CH \\ | \quad\quad \| \\ HC \diagdown \diagup CH \\ N \end{array} \quad \text{など．}$$

なお，有機化学で飽和化合物というのは，C=C，C≡C 結合をまったく含まない化合物，不飽和化合物というのは，C=C，C≡C を1個でも含んでいる化合物のことである．

## 11・3　構造異性体

分子式が $CH_4$（メタン），$C_2H_6$（エタン），$C_3H_8$（プロパン）に対応する構造式は

$$\begin{array}{c} H \\ | \\ H-C-H \\ | \\ H \end{array} \quad \begin{array}{c} H\quad H \\ | \quad | \\ H-C-C-H \\ | \quad | \\ H\quad H \end{array} \quad \begin{array}{c} H\quad H\quad H \\ | \quad | \quad | \\ H-C-C-C-H \\ | \quad | \quad | \\ H\quad H\quad H \end{array}$$

である．

分子式が $C_4H_{10}$ の場合はどうだろう．この分子式に対しては2種の構造式が可能である．

$$\begin{array}{c} H\quad H\quad H\quad H \\ | \quad | \quad | \quad | \\ H-C-C-C-C-H \\ | \quad | \quad | \quad | \\ H\quad H\quad H\quad H \end{array} \quad \begin{array}{c} H \\ | \\ H-C-H \\ H\quad | \quad H \\ | \quad | \quad | \\ H-C-C-C-H \\ | \quad | \quad | \\ H\quad H\quad H \end{array}$$

$C_4H_{10}$ では，Cのならび方に C-C-C-C と $\begin{array}{c} C \\ | \\ C-C-C \end{array}$ の2通りが考えられるのである．実際に，これらの化学構造をもつ化合物はブタン，イソブタンと呼ばれて別個の化合物として存在する．

分子式が $C_4H_8$ の化合物には次の構造式が考えられる．

$$CH_3CH_2CH=CH_2 \quad CH_3CH=CHCH_3 \quad CH_3-\underset{\underset{CH_3}{|}}{C}=CH_2$$
$$(1) \hspace{3em} (2) \hspace{5em} (3)$$

(4) メチルシクロプロパン　(5) シクロブタン

(1)〜(3)は鎖式不飽和化合物，(4)と(5)は環式飽和化合物である．これらは，いずれも実在の化合物である[1]．

これらの例のように，有機化合物では同じ分子式に対していくつもの構造式が考えられる場合が多い．

同じ分子式の化合物が別個の物質である現象を異性といい，このような関係の化合物を異性体という．

ここで説明した異性体は，化学構造の違いによる異性体であって，これらは構造異性体と呼ばれている．

構造異性体のほかの例は，$CH_3CH_2CH_2OH$ と $CH_3CHCH_3$ と $CH_3CH_2OCH_3$，
　　　　　　　　　　　　　　　　　　　　　　　　　　　　　|
　　　　　　　　　　　　　　　　　　　　　　　　　　　　　OH

（ジクロロシクロヘキサンの異性体の構造式）など．

## この章のまとめ

(1) 化学構造とは，分子中の原子の連結の順序と結合の様式のことである．これを示す式が構造式である．

(2) 構造式は分子の形を示す式ではない．

(3) 化学構造を異にする物質は必ず別個の化合物である．

(4) 構造異性体とは，分子式は同じでも化学構造の異なる化合物である．

---

1) (2) については，13・5 節も参照．

# 第 12 章

# 有機化合物の結合

　前章では，原子と原子との結合を，例えば C−C のように示した．この −
に相当する原子を結び付けているものの本質は何であろうか．
　この章では，そのことを考えてみよう．

## 12・1　共有結合

　原子が原子核とそれを取りかこむ核外電子から構成されていることは，すで
にご承知のことであろう．
　化学の世界での出来事は，実は，この核外電子の挙動によるものである．
　電子について，皆さんはどんなイメージをおもちであろうか．
　多くの書物に，・と書かれているからゴマ粒のようなものに違いない，いや
「電子雲」という言葉を聞いたことがあるから雲のようなものではなかろうか，
などなど思いはさまざまであろう．
　これらはどれも，日常生活での見聞を元にした類推である．
　現在の科学では，電子のような超極微の粒子の実体は，われわれの経験から
の常識では想像もつかないものであることが知られている．
　電子のふるまいは，量子力学という学問分野で数式を用いて示す以外にてが
ないのである．とはいうものの，難解な式を提示されても，専門家以外の者に
は何のことだかわかりかねる．そこで，次頁のような示し方が広く用いられて
いる．

## 12・1 共有結合

(1) は水素原子の K 殻の電子の原子軌道を示した図である．H と書いた中心の ・ が原子核である．まわりの丸はボールのような球形を示している．われわれは，残念ながら，電子の位置をしかと見定めることはできない．われわれが知ることができるのは，電子がある場所にいる確率の大小だけである．この球は，K 殻の電子の存在確率が大きい領域（例えばその確率が 90% であるような領域）を示している．

(2) は，2 個の水素原子が近寄ってこの球の領域が一部重なった状況の図である．このようなことが起こると，この重なりの部分に両原子の電子が存在する確率が大きくなり，電子が水素原子を結び付ける「のり」の役を果たすようになる．これが原子価結合法と呼ばれる考え方による水素分子の生成である．

式では，電子を ・ で示して

$$H\cdot + \cdot H \longrightarrow H:H$$

のように書く．

この化学結合は，原子間で電子対が共有されてできる，ということから，共有結合と呼ばれている．

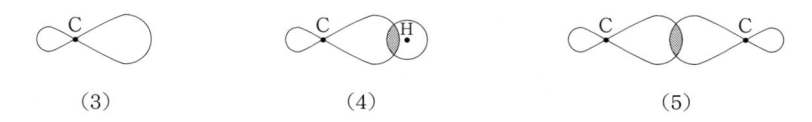

(3) は単結合をつくるときの炭素原子の原子軌道，(4) は C−H 結合をつくるときの両者の軌道の重なりを示す図である．(5) は C−C 結合である．(1) の丸が球を示しているように，(3) の図形もふくらみをもった，風船をふくらませたような形である．

二重結合，三重結合については省略する．必要に応じて各自で学習していただきたい．

有機化合物の結合は，ほとんどが共有結合である．有機化学は共有結合の化

## 12・2 電子式・極性結合・極性分子

前節で水素分子を H：H のように書いた．この式のように，電子を・で示し結合を電子で表した構造式を電子式またはルイス構造式と呼ぶ．水素以外の分子についても，この式を書けば，例えばメタン，エタン，エチレン，アセチレン，エタノールは次のようになる．

```
      H           H H                        H H
      ..          .. ..           .. ..      .. ..
 H : C : H   H : C : C : H    C : : C    H : C : : C : H   H : C : C : O : H
      ..          .. ..       .. ..                        .. ..  ..
      H           H H          H H                          H H
   メタン         エタン        エチレン      アセチレン         エタノール
                                                           （エチルアルコール）
```

この式の示すように，単結合は1対の電子対，二重結合，三重結合は，それぞれ2対，3対の電子対よりなる共有結合である．

この式をつくるには，まず原子価電子（最外殻の電子．H は K 殻の電子，C，N，O，F では L 殻の電子，Cl では M 殻の電子など）を次のように書く．

$$\text{H}\cdot \quad \cdot\overset{\cdot}{\text{C}}\cdot \quad \cdot\overset{\cdot\cdot}{\text{N}}\cdot \quad \cdot\overset{\cdot\cdot}{\underset{\cdot\cdot}{\text{O}}}\cdot \quad :\overset{\cdot\cdot}{\underset{\cdot\cdot}{\text{Cl}}}\cdot$$

つまり，価電子を4つに分けて電子対の数を最小にして元素記号のまわりに書く（・C̈・，：N̈・などとはしない）．

このように書いて，各原子の不対電子（対をなしていない電子）の組み合わせで共有結合を書き上げる．

$$\text{H}(\cdot\!-\!\cdot)\text{H} \quad \text{H}(\cdot\!\cdot)\text{C}(\cdot\!\cdot)\text{H} \quad \text{など．}$$

電子式で原子と原子の間に書かれた共有結合の電子対を共有電子対，エタノールの O にみるような結合に関与していない電子対を非共有電子対あるいは孤立電子対という．

## 12・2 電子式・極性結合・極性分子

これまでは，結合する原子の双方から電子が供与されて原子間で電子対が共有される過程をみた．共有結合の生成には，もう一つのやり方もある．それは，結合する原子のうち一方の原子から電子対が供与されて共有結合ができる過程である．そのようなことが起こり得るためには，ある条件が必要である．それは，1) 電子の供与側の原子に供与できる電子対があること，2) この電子対を受け入れる原子にその電子対を収容できる用意があること，の2点である．

例をあげる．

塩化水素 HCl は，水に溶けて次のようにイオンに分かれる（電離する）．

$$HCl \longrightarrow H^+ + Cl^-$$

電子式では

$$H:\overset{..}{\underset{..}{Cl}}: \longrightarrow H^+ + :\overset{..}{\underset{..}{Cl}}:^-$$

である．

この場合，$H^+$ は水の中ではこのままでは存在しない．水 $H_2O$ と結合して $H_3O^+$ として溶けている（水は電気的に中性であるから，これに $H^+$ が結合すれば + の電荷は残っている）．

この $H_3O^+$ の生成は，次の過程による共有結合の生成である．

$$H:\overset{..}{O}:H \quad H^+ \longrightarrow \begin{matrix} H \\ H:\overset{..}{O}:H \end{matrix}^+$$

O からは非共有電子対が提供され，$H^+$ はこれを収容したのである．$H^+$ は核外電子をもたず K 殻に 2 個の電子を受け入れることができるのである．このような生成過程による共有結合を配位結合あるいは配位共有結合という．できあがった共有結合は，れっきとしたふつうの共有結合である．したがって，

$\begin{matrix} H \\ | \\ H-O-H \end{matrix}$ の 3 本の共有結合は区別がつかないので，$\begin{bmatrix} H \\ | \\ H-O-H \end{bmatrix}^+$ とか $H_3O^+$ というように示される．

[問12・1] 次の化合物とイオンの電子式を記せ．
(a) $CH_3C\equiv CH$（メチルアセチレン）　(b) $CH_3OCH_3$（メチルエーテル）
(c) $CH_3CH_2CHO$（プロピオンアルデヒド）　(d) $CH_3COCH_3$（アセトン）
(e) $CH_3COOH$（酢酸）　(f) $CH_3NH_2$（メチルアミン）
(g) $NH_3$（アンモニア）　(h) $NH_4^+$（アンモニウムイオン）

塩素 $Cl_2$ の電子式は ：C̈l：C̈l： である．この場合，結合しているのは同種の原子である．したがって共有電子対は均等に共有されている（どちらかの原子の方へ片寄っていることはない）．ところで，塩化水素 HCl では状況が少し違ってくる．H：C̈l： で H と Cl とでは電子を引き寄せる能力に差異がある．このため共有電子対は少し Cl の方へ片寄っている．この電子の分布の片寄りのために，H は少々電子不足で $+$ 気味に，Cl は多少電子過剰で $-$ 気味になる．このことを式では $\overset{\delta+}{H}-\overset{\delta-}{Cl}$ のように示す．$\delta$ はデルタと読み，「少しばかり」とか「やや」というほどの意味と考えればよい．また，電子分布の片寄りを示すのに $\overset{\longrightarrow}{H-Cl}$ と書くこともある．このような電子対に片寄りのある共有結合を極性結合と呼ぶ．

結合している原子が電子を引き付ける能力の度合は，原子の電気陰性度から判定できる．

下の表は，アメリカの化学者ポーリング（1901-1994，1954年ノーベル化学賞，1963年ノーベル平和賞受賞）による原子の電気陰性度の値である．数値の大きいほど電子を引き寄せる能力が高い．

電気陰性度

| H | 2.1 | | | | | | | | | | | | | | | |
|---|---|---|---|---|---|---|---|---|---|---|---|---|---|---|---|---|
| Li | 1.0 | Be | 1.5 | B | 2.0 | C | 2.5 | N | 3.0 | O | 3.5 | F | 4.0 |
| Na | 0.9 | Mg | 1.2 | Al | 1.5 | Si | 1.8 | P | 2.1 | S | 2.5 | Cl | 3.0 |
| K | 0.8 | Ca | 1.0 | Ga | 1.6 | Ge | 1.8 | As | 2.0 | Se | 2.4 | Br | 2.8 |
| Rb | 0.8 | Sr | 1.0 | In | 1.7 | Sn | 1.8 | Sb | 1.9 | Te | 2.1 | I | 2.5 |
| Cs | 0.7 | Ba | 0.9 | Tl | 1.8 | Pb | 1.8 | Bi | 1.9 | Po | 2.0 | At | 2.2 |

NaとFとの電気陰性度の差は3.1, NaとClとではその差は2.1である. その差が大きいと, 電子はほとんど完全に一方の原子の方へ引き寄せられてしまい, $Na^+F^-$ や $Na^+Cl^-$ のようなイオン結合となる.

Cの電気陰性度は2.5で, H, N, O, Clなどの電気陰性度の値との差は, せいぜい1.0かそれ以下である. このような原子とCとの結合は極性共有結合となる.

二酸化炭素 $CO_2$, 水 $H_2O$ の分子は, 次のような形をしている.

$$O = C = O \qquad \overset{O}{\underset{H \quad 104° \quad H}{}}$$

結合は, いずれも共有結合である. 電気陰性度の表からわかるように, これらの結合は極性結合である. しかし, 二酸化炭素は直線状の分子であり, ⟶ が逆方向を向いていて電子の片寄りが互いに打ち消される. つまり, 分子全体としては無極性となる. 水の分子では, 上の図にみるようにこうした効果はなく, 分子全体として極性結合の影響が現れる. 水の分子は, 電荷の分離のある極性分子である.

電子レンジは, 電気的に極性分子を運動させて温度を上げる装置である. 電子レンジで調理ができるのは, 水が極性分子であるおかげである.

## 12・3　結合の強さ・結合の長さ

結合を切断するには, エネルギーが必要である. このことを逆にいえば, 結合が生成すると, そのエネルギー分だけ安定になるということである.

$$A:B \longrightarrow A\cdot + \cdot B \text{（エネルギーの注入が必要）}$$
$$A\cdot + \cdot B \longrightarrow A:B \text{（エネルギーが放出される）}$$

たとえば, 水について $H:\overset{..}{\underset{..}{O}}:H \longrightarrow H\cdot + \cdot\overset{..}{\underset{..}{O}}\cdot + \cdot H$ のように分子を構成原子にばらばらにするときに, 次の(1), (2)の切断の過程では必要なエネルギーの量が違う.

$$\mathrm{H-O{+}H \longrightarrow H-O\cdot \ + \ \cdot H} \quad (1)$$
$$\mathrm{H{+}O\cdot \longrightarrow H\cdot \ + \ \cdot O\cdot} \quad (2)$$

しかし，ふつうはこの両反応に必要なエネルギーの値の平均値をとって結合エネルギーと呼び，結合の強弱を知る拠りどころとする．水の場合，O-H の結合エネルギーは 460 kJ mol$^{-1}$ と測定されている．結合エネルギーの値が大きいほど強い結合ということになる．なお，mol$^{-1}$ の記号は 1 モルにつきという表示で，その結合の $6 \times 10^{23}$ 個あたりという意味である．

いくつかの結合の結合エネルギーの一般値を示す．単位は kJ mol$^{-1}$ である．

| | | | | | |
|---|---|---|---|---|---|
| C-C | 344 | C-H | 415 | O-H | 463 |
| C=C | 615 | C-O | 350 | | |
| C≡C | 812 | C=O | 725 | | |

C の単結合ではだいたい 300 kJ 台，二重結合，三重結合はそれよりかなり強い結合である．

結合の長さ（結合距離）とは，結合している原子の原子核間の距離である．有機化合物の結合では，次の一般値が知られている．単位は Å（オングストローム）= $10^{-10}$ m = 100 pm である．

| | | | |
|---|---|---|---|
| C-C | 1.54 | C-H | 1.10 |
| C=C | 1.33 | C-O | 1.43 |
| C≡C | 1.20 | C=O | 1.22 |

この結合の長さは，分子にかかわらずほぼ一定であることが知られている．例えば，エタン $CH_3CH_3$ でもプロパン $CH_3CH_2CH_3$ でも C-H，C-C の結合距離はほぼ上の値である．また，エチレン $CH_2=CH_2$ とプロピレン $CH_3CH=CH_2$ の C=C 間の距離はいずれもほぼ 1.33 Å である．

つまり，結合距離は結合する原子の種類と結合の様式に応じて定まり，化合物の種類に関係しない「一定性」をもっているといえる．

二重結合，三重結合は，対応する単結合よりも結合距離は短い．

## 12・4　ベンゼン環の結合

前節で述べた「結合距離の一定性」ということは，多くの化合物について成立する．

ところが，化合物のうちには，この「一定性」の成立しないものも知られている．ベンゼンの結合も，その一つである．

ベンゼンは1825年に発見された．無色の液体で芳香をもつ．元素分析と分子量測定から，この化合物には $C_6H_6$ の分子式が与えられた．この分子式には，鎖状の構造式も環状の構造式も種々の式を書くことができる．

ベンゼンの化学構造については，種々の提案がなされ検討された．そのうち，今日確定されている構造の基礎をなすものは，右の構造式で示される構造である．この式は，ドイツの有機化学者ケクレ（1829 – 1896）により 1865～1866 年に提案された．

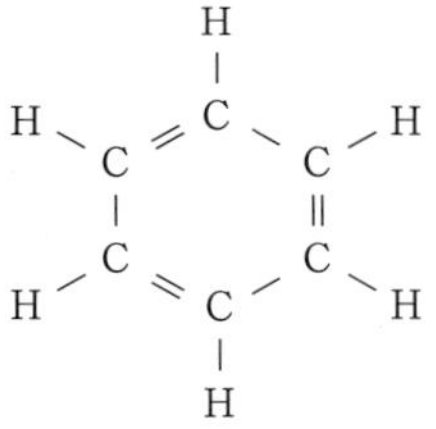

ベンゼンの反応のいくつかは，このケクレ式でうまく説明できる．しかし，この構造式ではどうしても理解できぬ性質もベンゼンにはある．

20世紀になって，物理的構造分析法も大いに進歩して，ベンゼンの分子の寸法が明確となった．その結果，ベンゼンは平面状の分子であり，炭素骨格の形は正六角形であることが判明した．このことは，「結合距離の一定性」という点からは理解できない結果である．なぜかといえば，$C=C$ は $C-C$ より短いので，ケクレ式にはいびつな六角形が期待されるからである．ベンゼンの分子の寸法は，右の図に示す通りで，この分子は一辺の長さが 1.39 Å の正六角形である．この $C-C$ の長さは，$C-C$，$C=C$，$C≡C$ のいずれの長さとも合致しない．

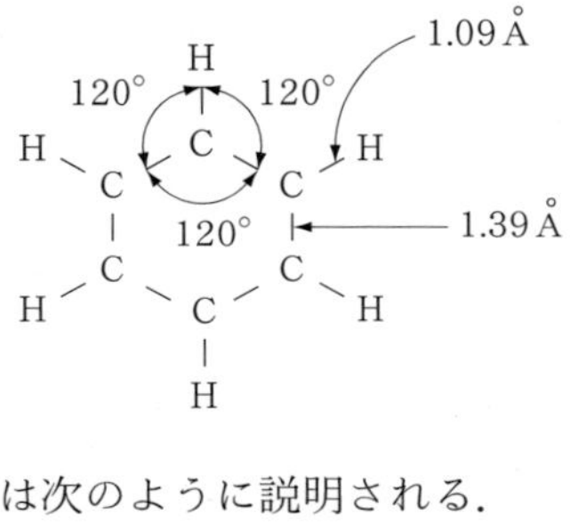

この結果は，いったい，どう考えればよいか．

原子価結合法と呼ばれる学説からは，この問題は次のように説明される．

その考え方によると，ベンゼンの構造はケクレ式（1）や（2）で示されるも

のではない，とする．ベンゼンという実在の化合物の化学構造は（1）と（2）との重なり合ったような構造と考える．

$$
\begin{array}{cc}
(1) & (2)
\end{array}
$$

（1）と（2）とは同じ式じゃないか，と思う人もあろう．実は，（1）と（2）とでは，炭素原子の位置を変えなければ，辺の単結合と二重結合の位置が違っているのである．

「重なり合った構造」ということは，各辺ともに，同等に，「半ば二重結合的な性格を帯びた単結合」と考えるということである．単純な単結合でもなく単純な二重結合でもなく，両方の性格が相半ばして（あるいは両者の平均として）発現している結合だから，その長さもC−CとC＝Cの間の値 $1.39$ Å となるのである．

ベンゼンの構造式は，一般に線表示の式で ⬡ のように書かれることが多い．この式の単結合や二重結合は，便宜上の表現であって，炭素原子間に局在しているものではないことに留意することが肝要である．

ベンゼン環は，このように特殊な構造の環系であるから，ベンゼン環を含む化合物を芳香族化合物と呼んで，炭素環式化合物の1グループとする．

複素環式化合物にも，ベンゼン環と同様な環系の化合物が知られており，これらは複素環式芳香族化合物と呼ばれている．

化合物の例：

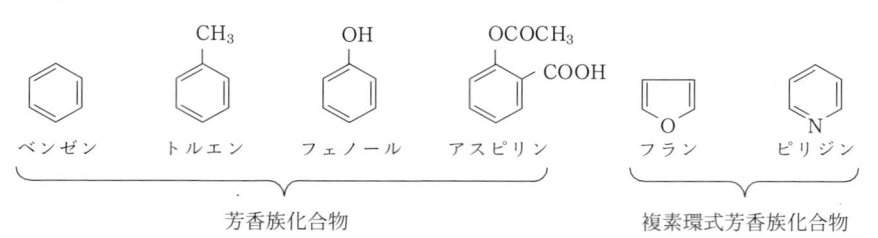

ベンゼン　トルエン　フェノール　アスピリン　　フラン　ピリジン

　　　　　芳香族化合物　　　　　　　　　複素環式芳香族化合物

## 12・5 「水素結合」と呼ばれる特別な結合

メチルエーテル $CH_3OCH_3$ とエタノール $CH_3CH_2OH$ とは，構造異性体である．メチルエーテルの 1 気圧下での沸点は $-24.8\ ℃$，エタノールの沸点は $78.3\ ℃$ である．構造異性体では，分子の形が似通っている化合物の沸点はあまり大きくは違わないのがふつうであるのに，この両者の沸点には著しい差異がある．

この現象は，エタノールの $-O-H$ という構造に由来する．エタノール分子は，この H を介して「水素結合」と呼ばれる結合で会合している．水素結合は，分子を結び付ける役をしている．このため，エタノールの分子量は見かけのうえで大きくなり，また気体になるためにはこの結合を切ることが必要となる．エタノールの高沸点はこの水素結合に帰せられる．沸点や融点は，分子間の引力を見積る目安の一つである．

水素結合は，N, O, F のような電気陰性度の高い原子間に H が介在してできる結合である．

　　　　O–H⋯O　N–H⋯N　F–H⋯F　O–H⋯N　N–H⋯O　など．

この結合では，水素はあたかも 2 価のようにふるまう．

水素結合は，共有結合とは異なるのでその価標は，ふつう，点線……で書かれる．

水素結合は，分子間ばかりでなく分子内でも生成する．右のサリチルアルデヒドはその例である．

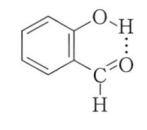

水素結合の効果としては，さらに有機化合物の水に対する溶解度を挙げることができる．

メタン $CH_4$ やエタン $CH_3CH_3$ が水にほとんど不溶であるのに，メタノール $CH_3OH$ やエタノール $CH_3CH_2OH$ が水と自由に混じることができるのは，水素結合の効果である．アルコールでは，その O–H と水の O–H との間で水素

結合をつくることができて，水分子の間に割り込むことができるのである（右図）．グルコース，スクロースなどの糖類が水によく溶けるのも，同じ理由による．

有機化合物の水への溶解については，14・2・1項で取り上げる．

水素結合は，生体の高分子化合物の分子の形にも重要な役を担っている．例えば，タンパク質の規則的な分子の形は，分子内および分子間の水素結合によって保たれており，デオキシリボ核酸の二重らせん構造も水素結合で形成されている．これらについては，後に述べる．

〔問12・2〕エチルアミン $CH_3CH_2NH_2$ の分子間の水素結合を示せ．また，エチルアミンと水との間の水素結合を示せ．

水素結合の強さは $20\ kJ\ mol^{-1}$ くらいのものが多く，一般には共有結合よりもかなり弱い結合である（結合の強さについては，12・3節を参照）．

この結合の本質は，電気陰性度の高い原子 O, N, F についた水素原子 $\overset{\delta+}{H}$ と，相手方の $\overset{\delta-}{O},\ \overset{\delta-}{N},\ \overset{\delta-}{F}$ との間の静電気的引力が主な要因とされている．

## この章のまとめ

(1) 有機化合物の化学結合は，ほとんどの場合，共有結合である．

(2) 共有結合は，原子間の電子対の共有による結合である．このさまを，電子を・で表示して結合を表した式が電子式である．

(3) 共有結合は，結合する原子の双方から1個ずつの電子が供与されて生成する場合と，一方の原子から電子対が供与されて生成する場合とがある．

(4) 共有結合の電子分布が，一方の原子に片寄っている結合を極性結合，分子全体として電荷の片寄りのあるものを極性分子という．

(5) ベンゼンのC-C共有結合は，特別の考え方で扱わねばならぬ結合である．

(6) 水素結合と呼ばれる，特殊な結合がある．この結合は，化合物の物性や反応，また分子の形に影響をもつ重要な結合である．

共有結合には，この章で述べたことのほかに，「結合の方向性」という非常に重要な性質がある．次章では，このことを詳しく勉強することにしよう．

# 第 13 章

# 立体化学

## 13・1 立体構造と立体構造式

　共有結合では，原子は，その結合の様式に応じて決まった方向に手を伸ばして相手方の原子と結び付く．

　このことを，少し難しい言葉でいえば，共有結合は方向性をもつ，という．

　この方向性は，結合に関与する原子軌道の方向から生じるものである．

　軌道の説明には立ち入らないで，結合の方向を述べると，それは次の通りである．

飽和炭素原子　$-\overset{|}{\underset{/\ \backslash}{C}}-$　結合間の角度はどれも 109°28′
Cを正四面体の中心に置けば4本の結合はその頂点の方向

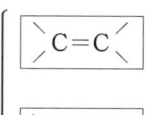

二重結合炭素原子 $\begin{cases} \boxed{\underset{/}{\overset{\backslash}{}}C=C\underset{\backslash}{\overset{/}{}}} & \text{平面構造} \\ & \text{結合の間の角度はどれも 120°} \\ \boxed{\underset{/}{\overset{\backslash}{}}C=O} & \text{平面構造} \\ & \text{結合の間の角度はどれも 120°} \\ =C= & \text{直線構造　結合の間の角度は 180°} \end{cases}$

## 13・1 立体構造と立体構造式

三重結合炭素原子 $\begin{cases} -C\equiv C- & \text{直線構造} \\ & \text{結合の間の角度は 180°} \\ -C\equiv N & \text{直線構造} \\ & \text{結合の間の角度は 180°} \end{cases}$

この関係は，分子模型で見ると理解しやすい．

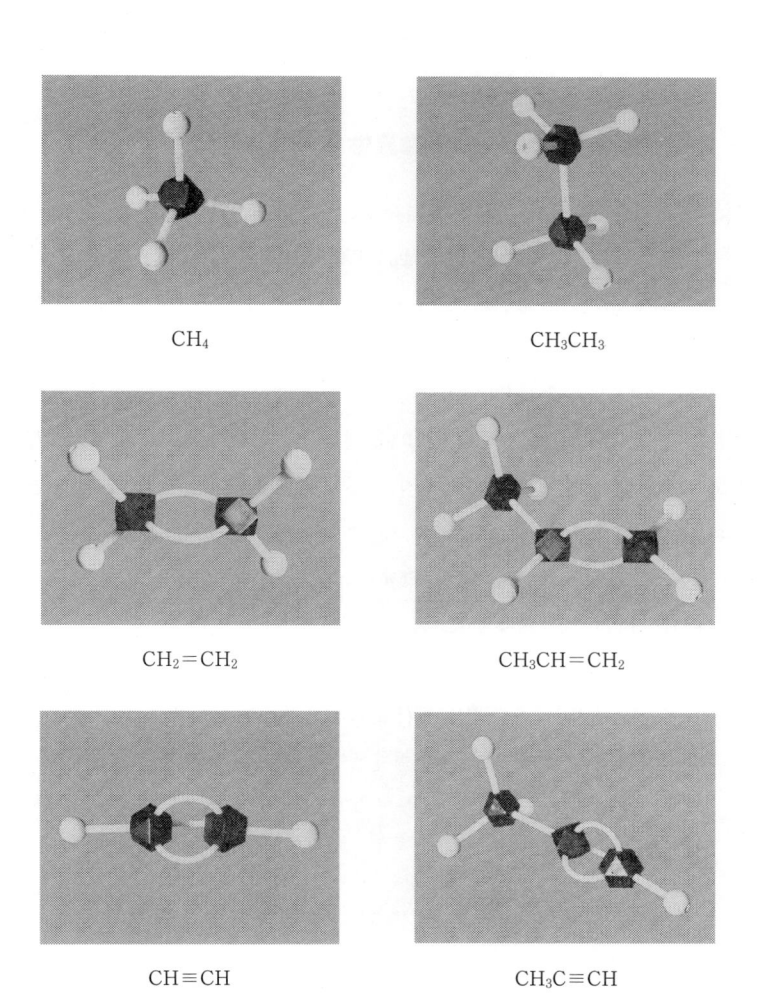

CH₄

CH₃CH₃

CH₂＝CH₂

CH₃CH＝CH₂

CH≡CH

CH₃C≡CH

このような，分子内の原子や原子団の空間的配列を考えた構造を立体構造という．立体構造式とは，立体構造を示す式である．また，立体構造やそれに関連する諸現象を研究する化学の分野を立体化学という．

[問13・1] アセトアルデヒド $CH_3CHO$，アセトニトリル $CH_3CN$ の立体構造を考えてみよ．

## 13・2 立体異性体 I －鏡像異性体－

さきに，「化学構造を異にする物質は必ず別個の物質である」ことを述べた．では，その逆の命題「別個の化合物は必ず化学構造を異にする」ということは，成立するであろうか．答はノーである．このことは，必ずしも成立するとは限らない．化合物によっては，別個の物質なのに化学構造は同一であることがある．化学構造が同じなのに別々の化合物ということは，いったい，何が異なるせいであろうか．それは，立体構造の差異によるのである．このような，化学構造は同一でも立体構造の違いから生じる異性体のことを立体異性体という．

アラニンは，ほとんどすべてのタンパク質の構成員になっているアミノ酸である．その構造式は $CH_3\overset{*}{C}H(NH_2)COOH$ である．結合を開いてみればわかるように，＊印を付けた炭素原子には，H，$CH_3$，$NH_2$，COOH の四つの異なる原子と原子団が結合している．このような炭素原子のことを不斉（ふせい）炭素原子と呼ぶ．この炭素原子を正四面体の中心に据えて，アラニンの立体構造を書くと，次の2種の立体構造式ができ上がる．

$$
\begin{array}{cc}
\text{COOH} & \text{COOH} \\
| & | \\
H_2N\cdots C \diagdown CH_3 & H\cdots C \diagdown CH_3 \\
H & H_2N \\
(1) & (2)
\end{array}
$$

この表示法では，ふつうの線の結合はこの紙面上の結合，くさび形の線は紙面から手前に出た結合，点線は紙面の後方に向かう結合である．飽和炭素原子

13・2 立体異性体 I －鏡像異性体－

の正四面体立体構造の示し方の一つである.

　H, CH$_3$, NH$_2$, COOH を正四面体のどの頂点に配しても，できあがったものは，この (1) と (2) のどちらかに合致する.

　この (1) と (2) とは，実体と鏡像との関係になっていて，いくら頑張っても両者を重ね合わすことのできない立体構造である．つまり，(1)，(2) の立体構造は合致しないということであり，それぞれの構造をもつ化合物は立体異性体である.

　このような立体異性体のことを，**鏡像異性体，鏡像体，対掌体，エナンチオマー**という.

〔問13・2〕次の構造式の化合物のうち，不斉炭素原子をもつものはどれか．また，不斉炭素原子をもつものについて，上の書き方にならって立体構造を示せ.

(a) H$_2$NCH$_2$COOH（グリシン）

(b) 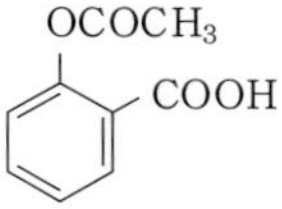 （アスピリン）  OCOCH$_3$, COOH がベンゼン環に置換

(c) CH$_3$CH(OH)COOH（乳酸）

(d) HOCCOOH の上下に CH$_2$COOH（クエン酸）

　鏡像異性体は，融点や沸点また溶解度などの物理的性質は等しい．また，反応についても，ふつうの反応性には差異は認められない．両者の著しい違いは光学的性質である．また，生理作用や薬理作用をもつ化合物では，鏡像異性体でその作用に差のあり，生体内での存在や反応にも差異のある例がいろいろと知られている．例えば，タンパク質に含まれているのは (1) の形のアラニンであって，(2) はまったく存在しない.

　光学的性質については，次節で説明する.

## 13・3　光学活性体

　光は電磁波の一つで，ふつうの光は，その進行方向を含むあらゆる面で振動している．光の振動面を ⟷ で示し，光の進行方向に向かって眺めて，このさまを (1) のように図示してみる．このふつうの光を，「ニコルのプリズム」と称する特殊なプリズムに通すと，振動が一つの面内に限られた光 (2) を得ることができる．このような光のことを，平面偏光または直線偏光と呼ぶ．

　この偏光がある種の物質の層を通過するときに，(3) または (4) のように，偏光面の回転を受けることがある．このような現象を旋光といい，この物性を旋光性，あるいは光学活性と呼ぶ．旋光性物質，光学活性体と呼ばれるのは，このような性質を示す物質のことである．

　旋光性は分子の立体構造に由来し，実体とその鏡像とが合致しない分子の化合物がこの性質を示す．

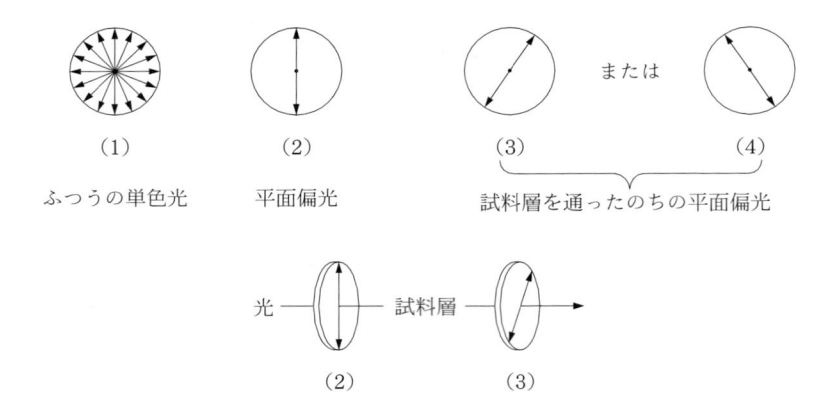

|  |  |  |  |
|---|---|---|---|
| (1) | (2) | (3) | (4) |
| ふつうの単色光 | 平面偏光 | 試料層を通ったのちの平面偏光 | |

光 ─ (2) ─ 試料層 ─ (3) ─→

　偏光面の回転の角度を旋光度といい，旋光計という機器で測定される．回転の方向は，(3) のように光に向かって時計回りのものを右旋性と呼んで + の記号で示す．(4) のような反対方向は，左旋性で − で示される．

　旋光度は，試料層の長さ，溶液の濃度など多くの要因の影響を受けるので，測定値のままでなく，一定の基準に引き直した値で示される．これを比旋光度といい，$[\alpha]$ で示す．

溶液では，$[\alpha] = \dfrac{\alpha}{lc}$

（$\alpha$：測定旋光度，$l$：試料層の長さ（dm），$c$：濃度（g m$l^{-1}$））

液体物質では，$[\alpha] = \dfrac{\alpha}{ld}$ （$d$：密度）

アラニンの例では，前節の (1) は $[\alpha]_D^{20} = +2.7°$（水），(2) は $[\alpha]_D^{20} = -2.7°$（水）である．右下の D は光がナトリウムの D 線であることを，右肩の 20 は測定時の温度が 20 ℃であることを示す．カッコ内は溶媒である．

この例のように，鏡像異性体では，旋光の方向が違い，比旋光度の絶対値は同じ値を示す．

鏡像異性体の等量からなる物質をラセミ体といい，右旋性と左旋性とが互いに打ち消されてラセミ体は光学不活性である（偏光面を回転させない）．

## 13・4　立体配置とフィッシャー投影式

13・2 節で勉強したことを思い起こそう．アラニンには不斉炭素原子が 1 個ある．このために，p.114 に示した (1) と (2) の分子の形があって立体異性体が存在する．(1) と (2) とが重なり合わないのは，不斉炭素原子につく原子や原子団のならび方の順序が異なるためである．このことは，COOH から出発して，NH$_2$ → CH$_3$ → H とたどってみればすぐわかる．このような，不斉中心のまわりの原子や原子団のならび方のことを，**立体配置**という．

この言葉を使えば，(1) と (2) が重なり合わないのは，両者の**立体配置**が異なるから，ということになる．

立体配置は，四面体を書いて示してもよい．しかし，これはいささかわずらわしい．不斉炭素原子が 1 個の化合物ならまだいい．しかし，それが 2 個，3 個，またはそれ以上となると，非常に煩雑である．そこで，ドイツの化学者フィッシャー（1852-1919，1902 年ノーベル化学賞受賞）の 1891 年の提案に従って，鎖式化合物では，次のような平面表示法が広く用いられている．

第13章 立体化学

$$\underset{(1)}{\overset{COOH}{\underset{H}{\overset{|}{C}}}} \cdots CH_3 \quad \equiv \quad \underset{(2)}{H_2N - \overset{COOH}{\underset{CH_3}{\overset{\vdots}{C}}} - H} \quad \longrightarrow \quad \underset{(3)}{H_2N - \overset{COOH}{\underset{CH_3}{\overset{|}{C}}} - H}$$

(1) を COOH と $CH_3$ が後方の遠くに見えるように眺める．すると，$H_2N$ と H とは見る人の方へ突き出るはずである．このさまを点線とくさび形の線で示したのが (2) である．(2) を，そのまま (3) のように平面に書く．この式が，フィッシャーの投影式と呼ばれる，不斉炭素原子のまわりの立体配置の平面表示の式である．

不斉炭素原子が2個のもの，例えば (4) では，不斉炭素原子1では (5) のように，不斉炭素原子2では (6) のようにして，フィッシャー式 (7) をつくる．

$CH_3C^2H(OH)C^1H(OH)COOH$
(4)

$$OH - \overset{COOH}{\underset{C^2}{\overset{\vdots}{C^1}}} - H \quad \longrightarrow \quad HO - \overset{COOH}{\underset{C^2}{\overset{|}{C^1}}} - H$$
(5)

$$H - \overset{C^1}{\underset{CH_3}{\overset{\vdots}{C^2}}} - OH \quad \longrightarrow \quad H - \overset{C^1}{\underset{CH_3}{\overset{|}{C^2}}} - OH \qquad \underset{(7)}{\overset{COOH}{\underset{CH_3}{\overset{|}{\underset{|}{HO - C - H \atop H - C - OH}}}}}$$
(6)

$C^1$ と $C^2$ のまわりの立体配置の組み合わせで，(4) には4種の立体異性体がある．(7) は，そのうちの一つである．

ここまでが理解できた人にはすぐにわかるように，例えば (3) の式を紙面を出てひっくり返すと，立体配置は逆転して異性体 (p.114の(2)) の式になる．

このことは，フィッシャー投影式を用いる際に十分に留意すべき点である．

〔問13・3〕上の化合物 (4) について，4種の立体異性体のフィッシャー投影式を書いてみよ．また，そのうちの鏡像異性体は，どれとどれか．

[**問13・4**] 右に，フィッシャー投影式で示すグルタミン酸ナトリウムは，化学調味料として広く用いられている物質である．その鏡像異性体は無味で調味料にはならない．そのフィッシャー投影式を書いてみよ．

```
    COOH
     |
H₂N－C－H
     |
    CH₂
     |
    CH₂
     |
    COONa
```

## 13・5　立体異性体II　－ジアステレオマー－

皆さんは，先の[**問13・3**]に答えられたであろうか．その式は，次の四つである．

```
    COOH           COOH           COOH           COOH
     |              |              |              |
H－C－OH      HO－C－H       H－C－OH      HO－C－H
     |              |              |              |
HO－C－H       H－C－OH      H－C－OH      HO－C－H
     |              |              |              |
    CH₃            CH₃            CH₃            CH₃
    (1)            (2)            (3)            (4)
```

(1) と (2) の式に対応する化合物は鏡像異性体の関係にある．(3) と (4) との関係も同様である．しかし，(1) と (3) の式の化合物は，立体異性体でありながら，鏡像異性体ではない．(1) 式の化合物と (3) 式の化合物が構造異性体ではないことは，ここで説明するまでもあるまい．

このような，鏡像異性体以外の立体異性体のことを，ジアステレオマー（ジアステレオ異性体）と呼ぶ．フィッシャー式 (2) の化合物と (3) の化合物，また (1) と (4)，(2) と (4) の化合物もジアステレオマーである．ジアステレオマーは，化学的にも物理的にも異なる性質をもつ化合物である．

構造式 $CH_3CH=CHCH_3$ の化合物には，2種の別個の化合物がある．これも，共有結合の方向性に由来する立体異性体である．これらは，式では次のようになる．

```
  CH₃     CH₃          CH₃     H
     \\C=C/                \\C=C/
   H /    \\H             H /    \\CH₃
  cis-2-ブテン           trans-2-ブテン
  （沸点 3.7 ℃）         （沸点 0.9 ℃）
```

これらは，シス－トランス異性体，または幾何異性体と呼ばれ，ジアステレオマーである[1]（シス cis は「同じ側」，トランス trans は「向こう側」の意味である．cisalpine は（ローマから見て）アルプスのこちら側の，transalpine はアルプスの向こうの，というように）．

このような異性体が生じるのは，$>C=C<$ が平面構造であることと，$C=C$ 結合のまわりでは自由な回転ができないためである[1]．

単結合のまわりでは回転ができる．これに対して，二重結合や三重結合のまわりでの回転はできない．

〔問13・5〕 エチレン $CH_2=CH_2$ の水素原子2個が塩素原子で置き換わった化合物（ジクロロエチレン）には3種の異性体がある．その式を書け．

〔問13・6〕 ジメチルアセチレン $CH_3C\equiv CCH_3$ には，シス－トランス異性体が存在するか，否か．

〔問13・7〕 エフェドリン C$_6$H$_5$-CH(OH)-CH(NHCH$_3$)-CH$_3$ には何種の立体異性体があるか．それらのフィッシャー投影式を記せ．またこれらの異性体について，鏡像異性体，ジアステレオマーの別を示せ．

## 13・6 環式化合物の立体化学

炭素環式化合物の基本となるものは，$CH_2$ が環をつくるシクロアルカンと総称される化合物である．

---

[1) シス－トランス異性体は環式化合物でも存在する．シクロヘキサン環の 1,2-ジオール（シス）とその（トランス）は，その例である（6員環シクロヘキサンの立体構造は次節で述べる）．

## 13・6 環式化合物の立体化学

シクロプロパン　　シクロブタン　　シクロペンタン　　シクロヘキサン

　これらのうち，シクロプロパン環は，当然，平面構造である．シクロブタンやシクロペンタンも，とくに厳密なことをいわない限り，ほぼ平面に近い構造と考えてよい．

　6員環のシクロヘキサンでは，炭素原子はいずれも正四面体の結合をして，次のようなひだ折れ構造をとる．結合角は，鎖式化合物の場合と同じ $109°28'$ である．炭素原子のかわりに酸素原子の入った6員環もほぼ同じ形をとる．

正四面体構造　　　　シクロヘキサン　　　　　　　D-グルコース

　7員環以上のシクロアルカンでも，炭素原子は $109°28'$ の結合角で環をつくる．そのため，これらはいずれも平面構造ではない．

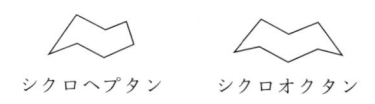

シクロヘプタン　　シクロオクタン

　すでに述べたように，ベンゼン環は平面構造である．また，フランやピリジンなどの複素環式芳香族化合物の環も平面構造である．ベンゼン環については 12・4 節を復習すること．

## この章のまとめ

(1) 化学構造からさらに進んで，分子内の原子や原子団の空間的配列まで考えた構造を立体構造という．立体構造を示す式が立体構造式である．

(2) 立体異性体とは，化学構造は同じで立体構造の異なる化合物である．

(3) 鏡像異性体とは，立体配置が実体と鏡像との関係にある異性体である．

(4) 鏡像異性体は光学活性である．比旋光度の絶対値は両者で等しく，旋光の方向は逆である．

(5) 立体配置の平面的表示法，フィッシャーの投影式．

(6) ジアステレオマーとは，鏡像異性体以外の立体異性体である．

(7) 脂環式化合物は，環の大きさに応じて固有の形をとる．芳香環，複素環式芳香環は平面構造である．

# 第 14 章

# 有機化合物の反応

　11・2節で述べたように，有機化合物は，数多くの化学構造をとることができる．さらにまた，前章で説明した立体構造もこれに加わって，現在知られている有機化合物の数は莫大である．動物や植物などの天然物からの化合物，また人工的に合成されたものの総数は，1500万種を超えるかもしれない．

　構造の多様性に応じて，有機化合物の反応も多岐にわたる．この複雑な，一見千差万別とも思える有機化合物の反応も，いくつかの視点から整理・整頓して理解することができる．

　その方法の一つが，官能基と呼ばれるものの性質を理解して，これに基づいて反応を整理する方法である．官能基とは，分子内にあって，いわば反応の拠点となる役を果たす部位である．官能基には，それぞれ特徴のある働きがあり，同じ官能基をもつ化合物には，その反応に共通な点をみることができる．

## 14・1　官　能　基

　鎖式化合物の基本体はアルカンであり，環式化合物の基本体はシクロアルカンである．次の例にみるように，アルカンとは鎖式飽和炭化水素であり，シクロアルカンとは環式飽和炭化水素である．炭化水素とは，CとHとだけからなる化合物のことである．

アルカン：

|  |  |  |  |  |
|---|---|---|---|---|
| $CH_4$ | $CH_3CH_3$ | $CH_3CH_2CH_3$ | $CH_3CH_2CH_2CH_3$ | $CH_3CHCH_3$<br>&#124;<br>$CH_3$ |
| メタン | エタン | プロパン | ブタン | イソブタン |

シクロアルカン：

13・6節で示した例のほかに，次のようなものもある．

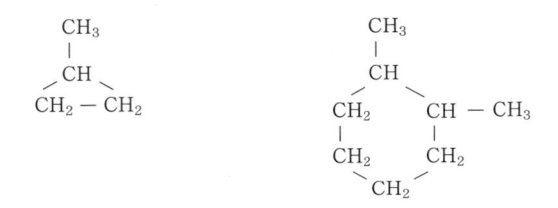

$$\underset{\text{メチルシクロプロパン}}{\begin{array}{c} CH_3 \\ | \\ CH \\ / \quad \backslash \\ CH_2 - CH_2 \end{array}} \qquad \underset{\text{1,2-ジメチルシクロヘキサン}}{\begin{array}{c} CH_3 \\ | \\ CH \\ / \quad \backslash \\ CH_2 \quad CH - CH_3 \\ | \qquad | \\ CH_2 \quad CH_2 \\ \backslash \quad / \\ CH_2 \end{array}}$$

アルカンの特色は，反応性に乏しい，ということである．シクロアルカンも，シクロプロパンを例外として，一般に多くの試薬の作用を受け難い[1]．

「反応性に乏しい」ということは，まったく不活性ということとは違う．メタンが都市ガスに使われるのは，それが可燃性であるからである．その燃焼熱をわれわれは利用する．「燃える」ということは，酸素と反応する，ということである．この酸素との反応のほかに，アルカンにもシクロアルカンにも，いくつかの反応は知られている．しかしその反応は，他の化合物にくらべると限られたものといえる．

このアルカンやシクロアルカンの水素原子が，官能基と呼ばれる原子や原子団で置き換えられると，事態は一変して，種々の反応性が発現する．官能基のうちには，化合物に水溶性を与えるものもあり，また有色の原因となるものなど，物理的性質に影響をもつものもある．

官能基は，化合物に固有の機能を与え，化合物を特徴づける原子や原子団である．

主な官能基を表にする．

---

[1] シクロプロパンは構造上の理由から，いくつかの試薬の作用で容易に開環する．

## 14・1 官能基

| 官能基 | 基 名 | その基をもつ化合物の名称 | 化合物の例 |
|---|---|---|---|
| $-F$<br>$-Cl$<br>$-Br$<br>$-I$ | フルオロ<br>クロロ<br>ブロモ<br>ヨード | }ハロゲン化合物 | $CH_3Cl$ $CHCl_3$<br>クロロメタン クロロホルム<br>⟨benzene⟩$-Br$<br>ブロモベンゼン |
| $-OH$ | ヒドロキシル | アルコールとフェノール | $CH_3OH$ $C_2H_5OH$<br>メタノール エタノール<br>⟨benzene⟩$-OH$<br>フェノール |
| $-O-$ | 名称なし | エーテル | $C_2H_5-O-C_2H_5$<br>エチルエーテル |
| $=O$ | オキソ | アルデヒド<br>ケトン<br>キノン | $CH_3CHO$ $CH_3COCH_3$<br>アセトアルデヒド アセトン<br>$O=$⟨⟩$=O$<br>$p$-ベンゾキノン |
| $-NH_2$ | アミノ | アミン | $CH_3NH_2$ ⟨benzene⟩$-NH_2$<br>メチルアミン アニリン |
| $-NO_2$ | ニトロ | ニトロ化合物 | $CH_3NO_2$ ⟨benzene⟩$-NO_2$<br>ニトロメタン ニトロベンゼン |
| $-SO_3H$ | スルホ | スルホン酸 | ⟨benzene⟩$-SO_3H$<br>ベンゼンスルホン酸 |

「アルカンやシクロアルカンの水素原子を置き換えて」という本来の考え方では，官能基は上の表のようになる．しかし，一般にはこの定義を拡げて，Cまでも含めたものが官能基として用いられているのがふつうである．

その代表的なものは，次の三つである．

$$\begin{array}{ccc}
\overset{O}{\underset{\|}{-C-H}} & \overset{O}{\underset{\|}{-C-}} & \overset{O}{\underset{\|}{-C-OH}} \\
(-CHO) & (-CO-) & (-COOH) \\
\text{ホルミル基（アルデヒド基）} & \text{カルボニル基} & \text{カルボキシル基} \\
\text{（アルデヒドの官能基）} & \text{（ケトンの官能基）} & \text{（カルボン酸の官能基）}
\end{array}$$

また，C＝C や C≡C も化合物の反応を特徴づける構造であって，これも官能基として扱われる．

〔問14・1〕 次の化合物の官能基を示せ．
 (a) メチルアセチレン　(b) メチルエーテル　(c) アラニン　(d) クエン酸
 (e) コレステロール
（これらの化合物の構造式はすでに示した．）

## 14・2　いくつかの官能基の働き

### 14・2・1　水　溶　性

1) 炭化水素は，水に溶けにくい．とくにアルカンやシクロアルカン（飽和炭化水素）は，水にはほとんど溶けない．また，炭化水素のハロゲン誘導体[1]  $CH_3Cl$，$CHCl_3$，〈ベンゼン〉−Br なども，水には溶けにくい．

これは，これらの分子が水の水素結合を切って水分子の間に割り込んでも，それにエネルギーを費やすだけで何ら得になることがないからである．いいかえれば，水分子同士の結団力が，水分子とこれらの溶質との親和力よりも大きいから，ということである．

2) 化合物に水溶性を与える官能基の主なものは，

$$-OH \quad -O- \quad \overset{O}{\underset{\|}{-C-H}} \quad \overset{O}{\underset{\|}{-C-}} \quad \overset{O}{\underset{\|}{-C-OH}} \quad -NH_2 \quad \overset{O}{\underset{\underset{\|}{O}}{\underset{\|}{-S-OH}}} \quad \text{など．}$$

---

1) 誘導体とは，構造の小部分が変化してできる化合物のことである．

## 14・2 いくつかの官能基の働き

である．これらの基は，水分子との間に水素結合をつくることができて，化合物に水との親和性を賦与する．

$C_2H_5OH$（エタノール），$CH_3CHO$（アセトアルデヒド），$CH_3COCH_3$（アセトン），$CH_3COOH$（酢酸）などは，水と自由の割合に混じ得る．

これらの基が分子中に2個以上あると，この効果はますます大きくなる．

コレステロールやエストラジオールのような化合物は，官能基OHを含んでいても水には溶けにくい．

コレステロール　　　　　エストラジオール
　　　　　　　　　　　　　（女性ホルモン）

これは，分子中にC，Hだけの炭化水素部分が多く，この部分が溶解性を支配するためである．

1-ブタノール $CH_3CH_2CH_2CH_2OH$ は，水にはあまり溶けない．ところが，その構造異性体である $t$-ブチルアルコール $(CH_3)_3COH$ は水に自由に混じ得る．これは，分子の形が水溶性に関係する例である．このように，官能基だけからでは，化合物の水溶性を的確にいい当てることが難しい化合物もあることを，心に留めておこう．

親水性の官能基をもつ化合物は，炭化水素溶媒には溶けにくい．

### 14・2・2　酸化と還元

1) 酸化されやすい構造で重要なものは，

$$\begin{array}{ccccc} \mathrm{H} & \mathrm{H} & \mathrm{H} & \mathrm{H} & \mathrm{H} \\ | & | & | & | & | \\ -\mathrm{C}-\mathrm{OH} & -\mathrm{C}-\mathrm{OH} & -\mathrm{C}-\mathrm{O}- & -\mathrm{C}-\mathrm{O}- & -\mathrm{C}=\mathrm{O} \\ | & | & | & | & \\ \mathrm{H} & \mathrm{C} & \mathrm{H} & \mathrm{C} & \end{array}$$

である．

これらに共通な点は，OにつくCに少なくとも1個のHがついている，とい

うことである.

例えば,

$$\underset{\text{エタノール}}{\text{H-CH}_2\text{-CH}_2\text{-OH}} \longrightarrow \underset{\text{アセトアルデヒド}}{\text{H-CH}_2\text{-CHO}} \longrightarrow \underset{\text{酢酸}}{\text{H-CH}_2\text{-COOH}}$$

エチルエーテル $C_2H_5OC_2H_5$ は,室温で空気中の酸素で徐々に酸化される(自動酸化).これも,この化合物が酸化されやすい $-\text{CH}_2-\text{O}-\text{CH}_2-$ という構造を含むことによる.

エチルエーテルが自動酸化を受けて生じるものは,過酸化物と呼ばれる不安定な物質で,加熱により容易に爆発する.したがって,長時間保存されたものは,取扱いに注意が必要である.

2) 次のような,O に結合する C が直接結び付いている構造も酸化を受ける構造である.

$$\begin{array}{ccc} \text{OH OH} & \text{OH O} & \text{O O} \\ -\overset{|}{\text{C}}-\overset{|}{\text{C}}- & -\overset{|}{\text{C}}-\overset{\|}{\text{C}}- & -\overset{\|}{\text{C}}-\overset{\|}{\text{C}}- \end{array}$$

これらは,酸化により,C$\dot{-}$C 結合の切断を受けやすい.

3) C＝C もまた,酸化を受ける官能基である.この結合も,酸化剤の作用で切断されやすい.

例えば,

$$\text{CH}_3\text{CH}=\text{C}(\text{CH}_3)_2 \xrightarrow{\text{O}_3} \underset{(\text{CH}_3\text{CHO})}{\text{CH}_3\text{CH}=\text{O}} + \underset{(\text{CH}_3\text{COCH}_3)}{\text{O}=\text{C}(\text{CH}_3)_2}$$

4) 還元を受けやすい基は,C＝C,C≡C,C＝O,C≡N など,二重結合と三重結合を含む原子団である.

例えば,

$$\text{CH}_2=\text{CH}_2 \xrightarrow{\text{H}_2} \text{CH}_3\text{CH}_3 \qquad \text{CH}\equiv\text{CH} \xrightarrow{\text{H}_2} \text{CH}_2=\text{CH}_2 \xrightarrow{\text{H}_2} \text{CH}_3\text{CH}_3$$

$$CH_3CHO \xrightarrow{H_2} CH_3CH_2OH \quad \left[ \begin{array}{c} H \\ -C=O \\ | \\ H \end{array} \xrightarrow{H_2} \begin{array}{c} H \\ | \\ -C-OH \\ | \\ H \end{array} \right]$$

アセトアルデヒドが還元されてエタノールになるのは,上に述べたエタノールの酸化の逆の反応である.

### 14・2・3 付加反応と脱離反応

1) $C=C$, $C=O$, $C\equiv C$, $C\equiv N$ のような,二重結合や三重結合は,不飽和結合と呼ばれる.「不飽和」とは,「飽和に達していない状況」ということである.これらの官能基は,種々の物質と反応して,飽和結合となる性質をもっている.上の還元反応の例では,水素が反応している.このことを,「水素が付加した」といい,このような反応を付加反応という.

$C=C$ に付加する物質の代表的なものは,水素のほか,ハロゲン($Cl_2$ など),ハロゲン化水素(HCl など),硫酸($H_2SO_4$),水などである.

$$CH_2=CH_2 \xrightarrow{Cl_2} CH_2ClCH_2Cl \quad \left[ >C=C< + Cl-Cl \longrightarrow -\overset{|}{\underset{Cl}{C}}-\overset{|}{\underset{Cl}{C}}- \right]$$

$$CH_2=CH_2 \xrightarrow{HCl} CH_3CH_2Cl \qquad CH_2=CH_2 \xrightarrow{H_2SO_4} CH_3CH_2OSO_3H$$

$$CH_3CH=CH_2 \xrightarrow{H_2O} CH_3CH(OH)CH_3$$

HCl, $H_2SO_4$, $H_2O$ の付加反応についても,展開した構造式について反応と生成物の構造を確認すること.

$C=O$ 結合に付加する物質には,水素,水,アルコール,シアン化水素などがある.ハロゲン,ハロゲン化水素,硫酸は付加しない.

$$CH_3CHO \xrightarrow{H_2} CH_3CH_2OH \quad \left[ >C=O + H-H \longrightarrow -\overset{|}{\underset{H}{C}}-\overset{|}{\underset{H}{O}} \right]$$

$$HCHO \xrightarrow{H_2O} HCH(OH)_2 \quad \left[ >C=O + HO-H \longrightarrow -\overset{|}{\underset{OH}{C}}-\overset{|}{\underset{H}{O}} \right]$$

$$\text{CH}_3\text{CHO} \xrightarrow{\text{C}_2\text{H}_5\text{OH}} \text{CH}_3\underset{\underset{\text{OC}_2\text{H}_5}{|}}{\text{CH}}-\text{OH} \qquad \text{CH}_3\text{COCH}_3 \xrightarrow{\text{HCN}} \text{CH}_3-\underset{\underset{\text{CN}}{|}}{\overset{\overset{\text{OH}}{|}}{\text{C}}}-\text{CH}_3$$

$C_2H_5OH$ や HCN の付加反応についても,展開した構造式について考えてみること.

なお,この反応で生じる $-\underset{|}{\overset{\overset{\text{OH}}{|}}{\text{C}}}-\text{OH}$ や $-\underset{|}{\overset{\overset{\text{OC}_2\text{H}_5}{|}}{\text{C}}}-\text{OH}$ のような構造をもつ化合物は,一般には水溶液やアルコール溶液中にだけ存在し得るもので,水やアルコールを除去すると元のアルデヒドやケトンになる(このようなことを,「単離できない」といういい方をする).

C≡C は,水素,ハロゲン,ハロゲン化水素,水,シアン化水素など,C=C や C=O に付加し得る物質の多くを受け入れる能力をもっている.

$$\text{CH}\equiv\text{CH} \xrightarrow{\text{Br}_2} \text{CHBr}=\text{CHBr} \xrightarrow{\text{Br}_2} \text{CHBr}_2\text{CHBr}_2$$

$$\text{CH}\equiv\text{CH} \xrightarrow{\text{HCl}} \text{CH}_2=\text{CHCl} \xrightarrow{\text{HCl}} \text{CH}_3\text{CHCl}_2$$

$$\text{CH}\equiv\text{CH} \xrightarrow{\text{H}_2\text{O}} (\text{CH}_2=\text{CHOH}) \longrightarrow \text{CH}_3\text{CHO}$$

反応例のうち,( )で囲んだ化合物は $=\underset{|}{\text{C}}-\text{OH}$ という構造をもち,単離できない.この反応で得られるのは,その構造異性体のアセトアルデヒド $CH_3CHO$ である.

2) 脱離反応は,付加反応の逆の反応である.

アルコールから水素が脱離すれば,C=O の不飽和結合が生成する(アルコールの酸化反応).

脱離反応で重要なのは,ハロゲン化合物やアルコールからの,ハロゲン化水素,水がとれる反応である.

$$CH_3CH_2CH_2Cl \xrightarrow{NaOH} CH_3CH=CH_2 \qquad CH_3CH_2OH \xrightarrow{H_2SO_4} CH_2=CH_2$$

$$\left[ \begin{array}{c} -\overset{|}{\underset{(H}{C}}-\overset{|}{\underset{Cl)}{C}}- \end{array} \longrightarrow \phantom{x}^{\diagdown}C=C^{\diagup} \right]$$

エチレンに塩素を付加して得られる 1,2-ジクロロエタン $CH_2ClCH_2Cl$ から HCl を脱離させて $CH_2=CHCl$（塩化ビニル）とする反応は，塩化ビニルの製法の一つになっている．塩化ビニルは，ポリ塩化ビニル（俗称「塩ビ」）の原料物質である．

### 14・2・4 置換反応

これは，炭素原子に結合する原子や原子団が，他の原子や原子団で置き換えられる反応である．

官能基ハロゲンやヒドロキシルが，この反応を受けやすい．

$$CH_3CH_2Cl \xrightarrow{NaOH} CH_3CH_2OH + NaCl \qquad CH_3CH_2Br \xrightarrow{CH_3ONa} CH_3CH_2OCH_3 + NaBr$$

$$CH_3CH_2OH \xrightarrow{PBr_3} CH_3CH_2Br \quad \text{など．}$$

これらの反応では脱離反応も起こり，$CH_2=CH_2$ が生成する．この例のように，有機化合物の反応では，二つあるいはそれ以上の反応が同時に起こるのが一般的である．このような場合，反応に用いる溶媒の種類，反応物の濃度，反応温度，さらにまた試薬などを選んで，目的とする反応を最も優先的に起こさせる条件の設定が必要となる．

◯-Br や ◯-OH のような，ベンゼン環に直接ついたハロゲン，ヒドロキシル基は，ベンゼン環の影響を受けて置換反応や脱離反応をきわめて起こしにくい．

芳香族化合物で重要なのは，ベンゼン環につく水素原子の置換反応である．この水素原子は，ハロゲンその他の試薬の作用で，容易に他の基で置き換えられる．

ベンゼン + Br₂ → ブロモベンゼン (C₆H₅Br)
ベンゼン + HNO₃ → ニトロベンゼン (C₆H₅NO₂)
ベンゼン + H₂SO₄ → ベンゼンスルホン酸 (C₆H₅SO₃H)

### 14・2・5 酸と塩基

1) 有機酸：代表的な有機酸は，カルボン酸，フェノール，スルホン酸である．

カルボン酸は，官能基 
$$-\overset{\overset{O}{\|}}{C}-O-H$$
 をもつ化合物である．有機化学で「○○酸」という名の化合物は，多くがこの基をもっている．

例：酢酸　$CH_3COOH$　　乳酸　$CH_3CH(OH)COOH$

クエン酸　$HOOCCH_2-\overset{\overset{OH}{|}}{\underset{\underset{COOH}{|}}{C}}-CH_2COOH$　　安息香酸　$C_6H_5-COOH$　　など．

フェノールとは，ベンゼン環にOHが結合した化合物の総称である．フェノールの名称は，一番簡単なフェノールである $C_6H_5-OH$ の化合物名としても用いられる．

スルホン酸は，Cに結合したスルホ基 
$$-\overset{\overset{O}{\|}}{\underset{\underset{O}{\|}}{S}}-O-H$$
 を含む化合物である．

カルボン酸　　$R-COOH + H_2O \rightleftarrows H_3O^+ + R-COO^-$
フェノール　　$C_6H_5-OH + H_2O \rightleftarrows H_3O^+ + C_6H_5-O^-$
スルホン酸　　$R-SO_3H + H_2O \rightleftarrows H_3O^+ + R-SO_3^-$

アルコール，例えば $CH_3CH_2OH$ が中性の物質であるのに，$-\overset{\overset{O}{\|}}{C}-OH$ のHが酸としての機能をもつのは，OHのつくCにオキソ基 $=O$ が結合している影響であり，フェノールの酸性は，OHが直接に結合しているベンゼン環の影響である．

カルボン酸は，一般に弱酸である．例えば，酢酸 $0.1\,\mathrm{mol}/l$ の水溶液では，室温で 1.3% 程度の分子がイオンに解離しているに過ぎない．

フェノールも，一般には弱酸で，電離の程度はカルボン酸よりは小さい（カルボン酸よりも弱い酸である）．

スルホン酸は，強酸である．

なお，脂肪酸とは，$R-COOH$ の R が鎖式の炭化水素基になっているカルボン酸の総称である．R の部分が単結合 $C-C$ だけのものが飽和脂肪酸であり，$C=C$ や $C\equiv C$ の結合を含めば，不飽和脂肪酸である．

2) 酸の誘導体：カルボン酸の誘導体には重要な化合物が多い．ここではそのうちのエステルと酸アミドを説明する．

カルボン酸エステルとは，$R-COO-R'$ 型の化合物であり，$R-COOH$ の H が有機原子団 $R'$ で置き換わったものである．

見方を変えれば，アルコールやフェノールの OH の H が $R-\overset{\overset{O}{\|}}{C}-$ で置き換わった化合物とみることもできる．

例： $CH_3COOC_2H_5$ 　　　〈benzene〉$-COOCH_3$ 　　　$CH_3COO-$〈benzene〉

　　　酢酸エチル　　　　　安息香酸メチル　　　　酢酸フェニル

エステルは，カルボン酸やその誘導体とアルコール，フェノールとの反応で生成する．例えば，

$$CH_3COOH + C_2H_5OH \rightleftharpoons CH_3COOC_2H_5 + H_2O$$

この反応は可逆反応である．

エステルの生成には，過剰のアルコールを用い，HCl や $H_2SO_4$ を反応促進剤として使用する．また，エステルは，過剰の水との反応でカルボン酸とアルコールに分解される（上の式で ⟵ の反応．エステルの加水分解という）．この反応は，$H_3O^+$ や $OH^-$ で促進される（単に水と加熱するだけでは，反応がきわめて遅い）．

エステルは，無機酸からも生成する．グリセリン（アルコール）と硝酸（無機酸）とからのエステルは，トリニトログリセリンまたはニトログリセリンと

呼ばれる化合物である．ダイナマイト，無煙火薬の原料として用いられる．「ニトロ」と俗称される狭心症の特効薬は，この化合物である．

$$\begin{array}{c} CH_2OH \\ CHOH \\ CH_2OH \end{array} + \begin{array}{c} HO-NO_2 \\ HO-NO_2 \\ HO-NO_2 \end{array} \longrightarrow \begin{array}{c} CH_2ONO_2 \\ CHONO_2 \\ CH_2ONO_2 \end{array}$$

グリセリン　　　硝酸　　　　　ニトログリセリン

アルコールと塩化水素とから生成する塩化物も，エステルの一種とみることができる．

$$CH_3CH_2OH + HCl \rightleftarrows CH_3CH_2Cl + H_2O$$

カルボン酸アミドとは $R-\overset{O}{\underset{\|}{C}}-NH_2$ で，$R-\overset{O}{\underset{\|}{C}}-OH$ の OH が $NH_2$ で置き換わった化合物である．アンモニア $NH_3$ の H が $R-\overset{O}{\underset{\|}{C}}-$ で置き換わった物質と考えてもよい．$R-\overset{O}{\underset{\|}{C}}-NH_2$ のほか $R-\overset{O}{\underset{\|}{C}}-NHR'$，$R-\overset{O}{\underset{\|}{C}}-\overset{R''}{\underset{|}{N}}-R'$ 型の化合物も存在する．これらは，カルボン酸誘導体 $R-\overset{O}{\underset{\|}{C}}-Cl$ とアンモニア，またアミン（次項で説明する化合物）との反応で合成できる．

酸アミドは，加水分解によって，カルボン酸とアンモニア，アミンに変化する（$H_3O^+$ や $OH^-$ が反応を促進する）．

$$R-\overset{O}{\underset{\|}{C}}-NH_2 + H_2O \longrightarrow R-\overset{O}{\underset{\|}{C}}-OH + NH_3$$

$$R-\overset{O}{\underset{\|}{C}}-NHR' + H_2O \longrightarrow R-\overset{O}{\underset{\|}{C}}-OH + R'NH_2$$

$$R-\overset{O}{\underset{\|}{C}}-\overset{R''}{\underset{|}{N}}-R' + H_2O \longrightarrow R-\overset{O}{\underset{\|}{C}}-OH + R'R''NH$$

スルホン酸にも，エステル，酸アミドがある．例は，$CH_3SO_3C_2H_5$（メタンスルホン酸エチル），$CH_3SO_2NH_2$（メタンスルホン酸アミド）などである．

サルファ剤には，スルホン酸アミドの構造が含まれている．
例：

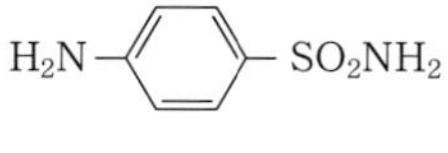

H$_2$N—⟨benzene⟩—SO$_2$NH$_2$     H$_2$N—⟨benzene⟩—SO$_2$NH—⟨pyridine⟩
　　スルファニルアミド 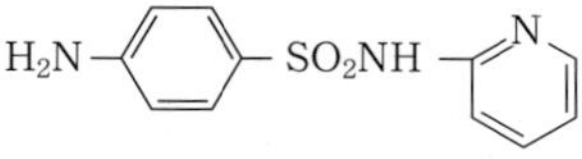　　　　　　　　　スルファピリジン

3) 有機塩基：有機化学で代表的なものは，アミンである．これは，次の型の化合物である．

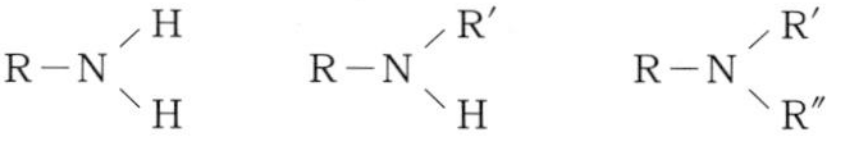

$$R-N\begin{smallmatrix}H\\H\end{smallmatrix} \qquad R-N\begin{smallmatrix}R'\\H\end{smallmatrix} \qquad R-N\begin{smallmatrix}R'\\R''\end{smallmatrix}$$
　第一アミン　　第二アミン　　第三アミン

アンモニア NH$_3$ の H が原子団 R，R′，R″ で置き換えられた化合物である（R＝R′＝R″ のものも，R，R′，R″ が異なるものもある）．

塩基とは，相手方から H$^+$ を受け取る能力のある物質であり，その力の大小によって塩基としての強さが決まる．アミンは弱い塩基である．とくに ⟨benzene⟩—NH$_2$（アニリン）のようなアミンでは，ベンゼン環の影響から，その塩基性はずっと低下する．

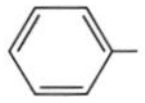

アミンの塩基性は，N 上の非共有電子対に起因する．

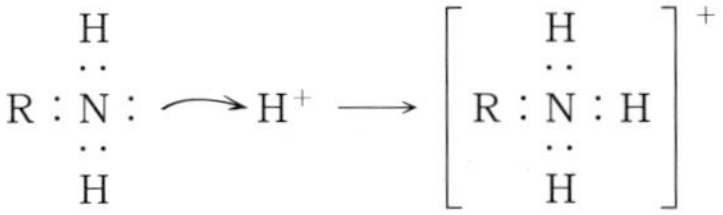

$$R:\!\overset{H}{\underset{H}{N}}\!: \curvearrowright H^+ \longrightarrow \left[R:\!\overset{H}{\underset{H}{N}}\!:\!H\right]^+ \quad \begin{pmatrix}\text{配位結合の生成}\\ \text{12・2 節を復習の}\\ \text{こと}\end{pmatrix}$$

塩基であるから，酸と反応して塩をつくる．

$$\underset{\text{メチルアミン}}{CH_3NH_2} + HCl \longrightarrow \underset{\text{メチルアミン塩酸塩}}{CH_3NH_3^+Cl^-} \quad (CH_3NH_2 \cdot HCl \text{ とも書く})$$

水溶液では，アンモニアと同様に，次の平衡反応が起こっている．

$$CH_3NH_2 + H_2O \rightleftarrows CH_3NH_3^+ + OH^-$$

アミノ酸は，酸の機能をもつ官能基 COOH と塩基の官能基 NH$_2$ とが一つの分子に共存する特徴のある分子である（**17・1** 節で説明する）．

また，カテコールアミンは，カテコール核 (benzene ring with two OH groups) を含むアミンであって，ドーパミン，ノルアドレナリン，アドレナリンなど重要な生体アミンがこれに属する．

酸アミド（$RCONH_2$, $RCONHR'$, $RCONR'R''$）は塩基性を示さない．これは，$-\overset{O}{\underset{\|}{C}}-N\diagup$ 構造のオキソ基 $=O$ の効果である．

## この章のまとめ

（1） 官能基とは，その化合物の反応や物理的性質に固有の機能を与える原子や原子団である．

（2） 官能基の特性に基づいて，有機化合物の反応を整理分類することができる．

（3） いくつかの官能基とその働き．有機化合物の基本的な反応．

　　　　　＊　　　　　　　　＊　　　　　　　　＊

有機化学の基礎の解説を終えるにあたって，化合物の名称についてひとこと．

日常呼び慣れている有機化合物の名称は，その由来や生理作用などによるものが多い．また，その名称からその化合物に含まれる官能基を読み取ることのできる場合も多い．

すでに述べたように，○○酸と呼ばれる化合物は，少数の例外を除いて官能基 COOH をもつ化合物である．

例えば，HCOOH はギ酸（蟻酸，アカアリからとれた酸），$CH_3COOH$ は酢酸（醋酸，木醋中に見出された酸），$CH_3CH(OH)COOH$ は乳酸（酸敗した牛乳より得られた酸）などなど．

例外：フェノール ⌬OH の石炭酸という名称（現在は用いられていない）．またピクリン酸や尿酸などもCOOHをもっていない．

コレステロール　　エストラジオール　　テストステロン

コレステロール（cholesterol）のcholeは胆汁より，sterはstereos（固体の）より，olは官能基OHを示している．この化合物は胆石から発見された．オールがOHを示す身近な例は，$CH_3CH_2OH$ の名称エタノール（ethane + ol → ethanol）である．フェノール，カテコール，クレゾールなどもOHをもつ化合物である．

発情ホルモンのエストラジオール（estradiol）のestra部分はestrus（発情）より，ジオール（diol）のdiはオールOHが2個あることを示している．このような数詞接頭語は，モノ，ユニ（mono, uni；1），ジ，ビ（di, bi；2），トリ（tri；3），テトラ（tetra；4），ペンタ（penta；5），ヘキサ（hexa；6）などが用いられる．

テストステロン（testosterone）は男性ホルモンである．この名称のtestoはtestis（コウ丸）より，sterはコレステロールの仲間のステロイド（steroid）より，oneは官能基 $-\overset{O}{\underset{\parallel}{C}}-$ を示す接尾語である．もっと簡単な例は $CH_3-\overset{O}{\underset{\parallel}{C}}-CH_3$ の名称アセトン（acetone）．また，$-\overset{O}{\underset{\parallel}{C}}-H$ を示す接尾語はアール（al）である．

# 第 15 章

# 糖　質

　糖質とは，単糖，オリゴ類，多糖の総称である．エネルギー源として，体内での他の物質の生成原料として，また体を支える構造物質として，さらに核酸や糖脂質などの成分として生物の生命を支える重要な一群の物質である．糖類，炭水化物とも呼ばれている．

## 15・1　単　糖

　グルコース（ブドウ糖）は，遊離で，また他の物質と結合した形で，さらにまたオリゴ糖や多糖の構成部分として動物体や植物体に広く分布し，天然にきわめて多量に存在する単糖である．「血糖」とは，血液中のグルコースのことである．単糖というのは，オリゴ糖，多糖に対する用語で，加水分解によってこれ以上簡単な糖に分かれない糖のことである．後に述べるように，オリゴ糖や多糖は加水分解でいくつかの糖に分解される．

　グルコースの構造は，立体構造まで含めて次頁（1）のように提案された．不斉炭素原子 $C^2$，$C^3$，$C^4$，$C^5$ のまわりの立体配置をフィッシャー投影式（1）のように定めたのは，フィッシャーである（1891〜1896年の研究）．

## 15・1 単糖

$$
\begin{array}{cc}
\text{C}^1\text{HO} & \text{CHO} \\
\text{H}-\text{C}^2-\text{OH} & \text{HO}-\text{C}-\text{H} \\
\text{HO}-\text{C}^3-\text{H} & \text{H}-\text{C}-\text{OH} \\
\text{H}-\text{C}^4-\text{OH} & \text{HO}-\text{C}-\text{H} \\
\text{H}-\text{C}^5-\text{OH} & \text{HO}-\text{C}-\text{H} \\
\text{C}^6\text{H}_2\text{OH} & \text{CH}_2\text{OH} \\
(1) & (2)
\end{array}
$$

この構造の正しいことは,その後の研究でも確かめられて,天然に分布するグルコースの構造は (1) と確定された. (2) は,天然に産出するグルコースの鏡像異性体のフィッシャー投影式である(すべての不斉炭素原子のまわりの<u>立体配置が鏡像関係になっている</u>ことに注意). (2) の立体構造をもつグルコースは,天然には存在しない.

この (1) と (2) を区別するのに,$CH_2OH$ の隣りの不斉炭素原子 $C^5$ について,OH が右側にあるものを D-グルコース,左側にあるものを L-グルコースと,D-,L- を付する規約になっている. (1) が D-グルコース,(2) が L-グルコースである.

(不斉炭素原子,鏡像異性体,フィッシャー投影式については,13・2 節,13・4 節を復習のこと.)

天然に存在するペントース(五炭糖,C が 5 個の糖)とヘキソース(六炭糖)の例をあげる.

ペントースの例:

$$
\begin{array}{ccc}
\text{CHO} & \text{CHO} & \text{CH}_2\text{OH} \\
\text{H}-\text{C}-\text{OH} & \text{HO}-\text{C}-\text{H} & \text{CO} \\
\text{H}-\text{C}-\text{OH} & \text{H}-\text{C}-\text{OH} & \text{H}-\text{C}-\text{OH} \\
\text{H}-\text{C}-\text{OH} & \text{H}-\text{C}-\text{OH} & \text{H}-\text{C}-\text{OH} \\
\text{CH}_2\text{OH} & \text{CH}_2\text{OH} & \text{CH}_2\text{OH} \\
\text{D-リボース} & \text{D-アラビノース} & \text{D-リブロース}
\end{array}
$$

ヘキソースの例：

```
    CHO              CHO            CH2OH
    |                |               |
HO - C - H       H - C - OH         CO
    |                |               |
HO - C - H       HO - C - H      HO - C - H
    |                |               |
 H - C - OH      HO - C - H       H - C - OH
    |                |               |
 H - C - OH       H - C - OH      H - C - OH
    |                |               |
    CH2OH            CH2OH           CH2OH

  D-マンノース      D-ガラクトース    D-フルクトース（果糖）
```

これらの化合物にみるように，鎖式構造の単糖は OH 基を多くもつアルデヒドやケトンであり，この構造が糖質を特徴づける基本構造である．

アルデヒド糖をアルドース，ケトン糖をケトースという．炭素数と組み合わせるときは，アルドペントース，ケトヘキソースなどとする．

〔問15・1〕L-ガラクトースのフィッシャー投影式を書け．
〔問15・2〕次の各組の化合物の関係は，鏡像異性体，ジアステレオマー，構造異性体のいずれか．
　（a）D-マンノース と D-ガラクトース
　（b）D-グルコース と D-フルクトース
　（c）D-リボース と L-リボース

前頁の (1) は，最初に考えられた D-グルコースの構造である．その後，研究が積み重ねられ情報量が増すにつれて，グルコースには (1) の構造のほかに環状構造も考えねばならぬことになった．その構造は次頁の (3) で，(1) と (3) とは構造異性体の関係にある．

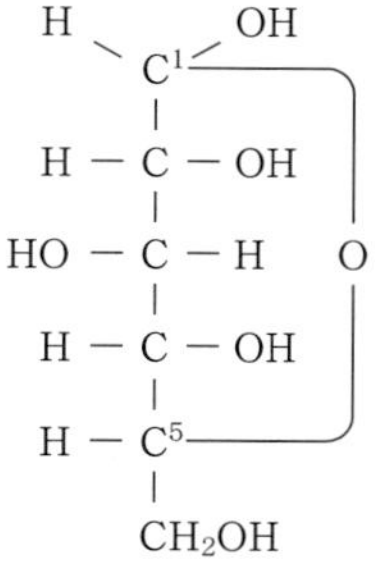

## 15・1 単糖

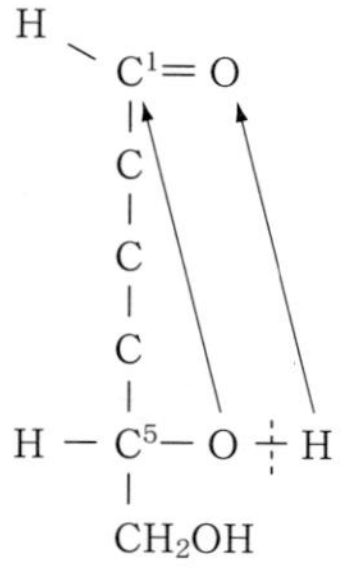

Oの橋かけ構造は，(4) のように，$C^5$ の OH が $C^1=O$ に付加した形である (14・2・3項，付加反応を復習).

(3) の 6 員環は，シクロヘキサンと同様にひだ折れ構造である (13・6 節を復習).

D-グルコースの水溶液では，次の平衡が成立している．

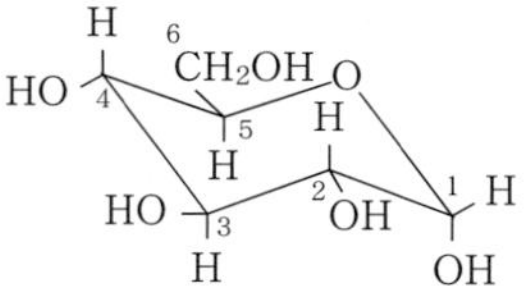

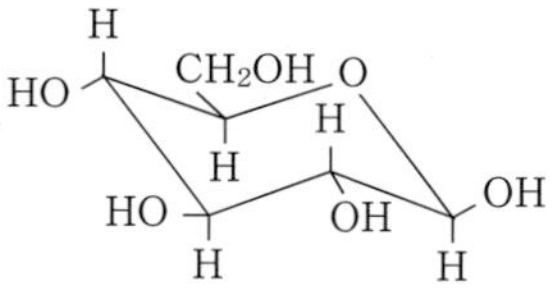

(5) と (6) とは，環状をとることによって $C^1$ が新たに不斉炭素原子となり，そのために生じる立体異性体である ($C^1$ の OH の向きに注目).

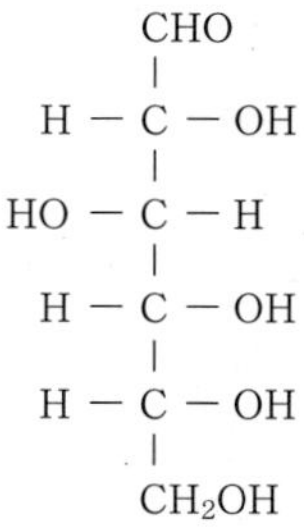

このような立体異性体をアノマーといい，$α-$, $β-$ を付けて区別する．この例では，(5) が $α-$アノマー，(6) が $β-$アノマーである[1].

グルコースの水溶液では，(5) と (6) がほとんどで，鎖状のもの (1) はごくわずかであることが知られている．

---

1) 環状構造のアノマー性 OH が，フィッシャー式の D-, L- を決める OH と同じ側のものが $α-$アノマー，逆側のものが $β-$アノマーである．

(5)や(6)の立体配置が，フィッシャー式(1)と一致していることは，次のように環を開いてフィッシャー投影式をつくるときの形(7)にしてみればすぐに理解できる．

$$\text{(5)} \longrightarrow \text{(1)} \equiv \text{(7)}$$

糖の環状構造を次のように示す方式もある．この式は，ハース(1883-1950, 1937年ノーベル化学賞受賞)式と呼ばれるものである．これは，立体配置を示す式であって，環が平面構造をとっていると考えてはいけない．

$\alpha$-D-グルコース　　$\beta$-D-グルコース

グルコースは，結晶では6員環構造をとっていて，$\alpha$-アノマー，$\beta$-アノマーが，それぞれ，別々の結晶として単離されている．

フルクトース(果糖)は，ケトヘキソースの代表的な化合物である．その鎖状構造は(8)，環状構造は(9)と(10)である．(9)は6員環，(10)は5員環である．これらにも，アノマーが存在する．

(8)　　(9)　　(10)

(9)は，D-フルクトースの結晶での構造，(10)はスクロース（次に述べるオリゴ糖）での構造である．水溶液中では，これらが平衡混合物として存在する．

5員環の形は少々複雑なので，「平面からややずれた形」という記述に止める．

5員環構造の糖はフラノース，6員環の糖はピラノースと呼ばれる．化合物名と組み合わせて，例えばグルコピラノースとすれば，6員環構造のグルコースを指す．

## 15・2　オリゴ糖（少糖）

日常生活で最もなじみ深い甘味料は，砂糖であろう．

その主成分は，スクロース（ショ糖）と呼ばれる化合物である．スクロースの構造は，ハース式では次のように示される．

スクロースは，$\alpha$-D-グルコピラノースと$\beta$-D-フルクトフラノースとがOを介して1位と2位で結合したものである．これを，酸や酵素で加水分解すると，$\alpha$-D-グルコースと$\beta$-D-フルクトースとの二つの単糖になる．

このように，加水分解によって2分子の単糖になるものを二糖という．3分子に分かれる三糖もある．オリゴ糖とは，二糖から七糖くらいの糖である．後に述べる多糖に対して，少糖と呼ばれることもある．

哺乳動物の乳汁中に5%くらい含まれるラクトース（乳糖）も二糖である．構造は，$\beta$-D-ガラクトピラノースの1位とD-グルコピラノースの4位がOを介して結合したものである（$\beta$-1→4結合）．D-グルコピラノースの方の1位については立体異性体があるから，$\alpha$-ラクトース，$\beta$-ラクトースのアノマーが存在する．

マルトース（麦芽糖）も二糖の他の例である．これは，デンプンを麦芽の酵素で分解すると得られる．水あめの甘味成分で，α-D-グルコピラノースの1位とD-グルコピラノースの4位がO橋で結ばれた構造をもつ（α-1→4結合）．ラクトースの場合と同じ理由から，マルトースにもアノマーが存在する．

三糖以上のオリゴ糖も，多数天然に見出されており，オリゴ糖の多くは水溶性で甘味を呈する．

オリゴ糖には，健康食品の素材として用いられているものもあり，フラクトオリゴ糖，乳果オリゴ糖，ガラクトオリゴ糖などはその例である．

シクロデキストリンは，デンプンのうすい溶液にある種の酵素を作用させて得られるオリゴ糖である．これは，6〜8個のα-D-グルコピラノースがα-1→4結合で連なって環状構造となった化合物である．シクロデキストリンは，環の中の空洞に種々の物質を包み込んでこれらを可溶化する能力をもち，この性質は医薬，食品の分野で利用されている．

〔問15・3〕 ラクトース，マルトースの構造をハース式で示せ．


## 15・3 多 糖

多糖は，オリゴ糖よりもっと多数の単糖が，オリゴ糖のようにO橋で結ばれた高分子化合物である．

セルロース，デンプン，グリコーゲンは，いずれも，加水分解でD-グルコースを生じる．このような，1種類の単糖からなる多糖を単純多糖，2種類以上の単糖からの多糖を複合多糖という．天然には多種類の多糖が存在し，生体の生活を支えている．

日常で最も身近かなものは，セルロース（繊維素）とデンプンである．いずれも，D-グルコースが結合した高分子物質であり，両者でその結合の様式が異なっている．

セルロースは，植物の体形を保つ構造多糖である．各種の紡織繊維，紙など

## 15・3 多糖

に加工され，またレーヨン，ニトロセルロース，セロハンなどの原料にもなる．脱脂綿は，ほとんど純粋なセルロースである．

その構造は，D-グルコピラノースが $\beta\text{-}1 \rightarrow 4$ 結合で結ばれたものである．各炭素原子につく H と OH とを省いて，ピラノース骨格だけで示すと，その構造は次のようになる．平均重合度は，数千〜1万くらいといわれる．

キチンは，甲殻類の構造多糖である．$N$-アセチル-D-グルコサミン (1) が $\beta\text{-}1 \rightarrow 4$ 結合で結合した直鎖構造の単純多糖である．

デンプンは，植物の貯蔵多糖である．種子，根，地下茎などに含まれる．コメ，ムギ，イモ，トウモロコシなどのデンプンは，日々の食糧である．

デンプンは単一な多糖ではない．アミロースとアミロペクチンと呼ばれる単純多糖の混合物であって，その混合の割合は，デンプンの種類による．ふつうのデンプンでは，アミロースが25〜30％，アミロペクチンが70〜75％程度である．

アミロースは，D-グルコピラノースが $\alpha\text{-}1 \rightarrow 4$ 結合で連なったものである．平均重合度は，1000〜4000と推定されている．

アミロペクチンは，枝分れ構造をしている．枝分れの分岐点間には，およそ30分子くらいのグルコースがあり，その結合はアミロースの構造と同じであ

枝分れの概念図

る．枝分れは，α-1→6結合でできる．分子量は，$10^6$〜$10^7$と考えられている．

セルロースもデンプンも，酸や酵素で加水分解を受けD-グルコースとなる．ヒトその他の高等動物はセルロースを分解する酵素をもたず，セルロースをエネルギー源とすることはできない．反すう動物がセルロースを食物とすることができるのは，その消化器官中に住むバクテリアがセルロースを分解してくれるからである．

グリコーゲンは，動物の貯蔵多糖である．肝臓や筋肉に貯えられていて，必要に応じてグルコースに分解されて利用される．植物でのデンプンに対応するもので，その構造もアミロペクチンによく似ている．相違点は，グリコーゲンでは，アミロペクチンよりも枝分れ部位間のグルコースの分子数が少なく，アミロペクチンに比べて枝分れが多いことである．

以上のほかにも，ペクチン，ヘパリン，コンドロイチンなどなどと耳慣れた化合物をはじめ多数の多糖が天然に存在し，その構造も多種多様である．これらについては，読者自らのさらに進んだ勉強を期待したい．

〔問15・4〕セルロース，デンプン，グリコーゲンを加水分解するとこれらからは同一の単糖D-グルコースが得られるのに，これらが異なる物質であるのはなぜか．

## 還元糖と非還元糖

グルコース,フルクトースは他の物質を還元して自分自身は酸化される反応性をもっている.

これは,アルドースでは溶液中で平衡にある鎖状構造が官能基 CHO をもつためである. $H-\underset{|}{C}=O$ は酸化されやすい官能基である.ケトースの場合は, $-\underset{\|}{C}-\underset{|}{CH}-$ 構造が $-\underset{\|}{C}-\underset{\|}{C}-$ へ酸化されやすい構造であることによる.

反応の例:$Cu^{2+}$ を含むフェーリング溶液から $Cu_2O$(赤色沈殿)の生成.$Ag(NH_3)_2^+$ 溶液からAgの生成(銀鏡反応).

遊離の単糖は,すべて還元性をもつ還元糖である.

スクロースは還元性を示さない(理由は考えてみていただきたい).このような糖は非還元糖と呼ばれる.同じ二糖でもマルトースは還元糖であり,オリゴ糖にはその構造により還元糖と非還元糖とがある.

糖の還元性は,構造研究や定量分析に利用される.

# 第 16 章

# 脂 質

　生物体の組織の成分で，水にはほとんど溶けず，エーテル，クロロホルムなどの有機溶媒に溶ける有機化合物を，脂質と総称する．この，かなり漠然とした定義の示すように，脂質には種々の化合物が幅広く含まれる．

## 16・1　油　脂

　油も脂も，ともに「あぶら」である．ダイズ油のような室温で液体のものが「油」，ラードのような固体のものが「脂」である．油脂とは，植物や動物の体に含まれている「あぶら」のことである．

　糖質およびタンパク質とともに，油脂は生物体の主要な成分で，天然に広く分布している物質である．生物のエネルギー源となり，また皮下脂肪は「防寒コート」の役を果たして体温の発散を防ぐ．

　天然に存在する油脂は，エステルの混合物である（エステルについては，14・2・5 項を復習のこと）．

　このエステルのアルコールはグリセリン，酸は脂肪酸（R－COOH の R が鎖式炭化水素基のもの）である．このエステルは，グリセリドと呼ばれている[1]．

---

1) グリセリドには

| $CH_2OCOR$ | $CH_2OCOR$ | $CH_2OCOR$ |
|---|---|---|
| $CHOH$ | $CHOCOR'$ | $CHOCOR'$ |
| $CH_2OH$ | $CH_2OH$ | $CH_2OCOR''$ |
| モノグリセリド | ジグリセリド | トリグリセリド |

がある．油脂の主成分はトリグリセリドである．

## 16・1 油脂

|  |  |  |
|---|---|---|
| CH₂OH | R－COOH | CH₂OCOR |
| CHOH | R′－COOH | CHOCOR′ |
| CH₂OH | R″－COOH | CH₂OCOR″ |
| グリセリン | 脂肪酸 | トリグリセリド（エステル） |

このグリセリドの式は，結合を展開すると下のようになる．

$$
\begin{array}{c}
\mathrm{H} \\
| \\
\mathrm{H-C-O-C-R} \\
| \quad\quad \| \\
\quad\quad\quad \mathrm{O} \\
\mathrm{H-C-O-C-R'} \\
| \quad\quad \| \\
\quad\quad\quad \mathrm{O} \\
\mathrm{H-C-O-C-R''} \\
| \\
\mathrm{H}
\end{array}
\quad
\left(
\begin{array}{c}
\mathrm{O} \quad\quad \mathrm{H} \\
\| \quad\quad | \\
\mathrm{R-C-O-C-H} \\
\mathrm{O} \quad\quad | \\
\| \quad\quad | \\
\mathrm{R'-C-O-C-H} \\
\mathrm{O} \quad\quad | \\
\| \quad\quad | \\
\mathrm{R''-C-O-C-H} \\
| \\
\mathrm{H}
\end{array}
\right)
\text{と書いても同じこと}
$$

この構造式から，これがエステルであることを確認すること．

$R = R' = R''$ のグリセリドが油脂の成分となっているものもある．しかし，おおかたの油脂の成分であるグリセリドは，$R \neq R' \neq R''$ である．

生体成分の油脂は，これらのグリセリドの混合物である．

油脂の脂肪酸は，炭素数 4 から 24 までのものが大部分である．わずかの例外を別にすれば，これらはいずれも炭素数が偶数の直鎖（枝分れのない鎖状）カルボン酸である．

油脂全体を通じて最も多いのは，次の酸である．

| パルミチン酸 | $CH_3(CH_2)_{14}COOH$ |
|---|---|
| ステアリン酸 | $CH_3(CH_2)_{16}COOH$ |
| オレイン酸 | $CH_3(CH_2)_7CH=CH(CH_2)_7COOH$ |
| リノール酸 | $CH_3(CH_2)_4CH=CHCH_2CH=CH(CH_2)_7COOH$ |
| $\alpha$-リノレン酸 | $CH_3CH_2CH=CHCH_2CH=CHCH_2CH=CH(CH_2)_7COOH$ |

これらのうち，不飽和酸の二重結合部分の立体構造は，いずれも，シス配置

$$\begin{array}{c} \mathrm{H} \quad\quad \mathrm{H} \\ \diagdown \quad \diagup \\ \mathrm{C}=\mathrm{C} \\ \diagup \quad \diagdown \\ \mathrm{C} \quad\quad \mathrm{C} \end{array}$$ である．

一般に，動物からのものは半固体か固体（脂肪），植物からのものは液体のも

の（脂肪油）が多い．構造との関係では，高級（炭素数の多いこと）飽和脂肪酸のグリセリドに富むものは固体，低級（炭素数の少ないこと）脂肪酸や高級不飽和酸のグリセリドを多く含むものは液体である．

グリセリドの不飽和脂肪酸の C=C に水素を付加させて飽和脂肪酸として，魚油やダイズ油など液体のものを固体にしたものが硬化油である．硬化油は，セッケン，マーガリンなどの製造に用いられる．

ここで，エステルは加水分解によってアルコールと酸になることを思い出していただきたい．

グリセリドはエステルであるから，加水分解するとグリセリンと脂肪酸とになる．こうして得られる脂肪酸のナトリウム塩の混合物がセッケン（石鹸）である．油脂は，グリセリンとセッケンの製造の原料となる．このほかにも，油脂は食品，医薬品，化粧品，塗料，潤滑剤の製造など広い用途をもち，われわれの生活と深く関わっている物質である．

## 16・2 リン脂質

油脂は，加水分解でグリセリンと脂肪酸になる．このような脂質を単純脂質という．油脂のほかに，加水分解によってグリセリンなどのアルコールと脂肪酸以外の化合物となる脂質もあって，これらは複合脂質と呼ばれる．リン脂質は，複合脂質の一種である．

リン脂質は，動物界，植物界，微生物界に存在し，生体膜の成分の一つとして種々の機能をもつ物質である．

リン脂質は，グリセロリン脂質とスフィンゴリン脂質に大別される．

グリセロリン脂質は，グリセリドである．ホスファチジン酸（1）がその基本体である．

## 16・2 リン脂質

$$\underset{(1)}{\begin{array}{c}\phantom{R'-C-O-CH}\quad CH_2-O-\overset{\overset{O}{\|}}{C}-R\\ \overset{O}{\|}\quad\quad\quad |\\ R'-C-O-CH\quad\quad O\\ \phantom{R'-C-O-CH}\quad |\quad\quad \|\\ \phantom{R'-C-O-CH}\quad CH_2-O-P-OH\\ \phantom{R'-C-O-CH aaaaaaaa}|\\ \phantom{R'-C-O-CH aaaaaaaa}OH\end{array}} \qquad \underset{(2)}{\begin{array}{c}O\\ \|\\ HO-P-OH\\ |\\ OH\end{array}}$$

油脂との構造の違いは，リン酸 (2) のエステル部分があることである．
レシチン (3) は，代表的な化合物の例である．

$$\underset{(3)}{\begin{array}{c}\phantom{R'-C-O-CH}\quad CH_2-O-\overset{\overset{O}{\|}}{C}-R\\ \overset{O}{\|}\quad\quad\quad |\\ R'-C-O-CH\quad\quad O\\ \phantom{R'-C-O-CH}\quad |\quad\quad \|\\ \phantom{R'-C-O-CH}\quad CH_2-O-P-O-CH_2CH_2\overset{+}{N}(CH_3)_3\\ \phantom{R'-C-O-CH aaaaaaaa}|\\ \phantom{R'-C-O-CH aaaaaaaa}O^-\end{array}} \qquad \underset{(4)}{HO\,CH_2CH_2\overset{+}{N}(CH_3)_3\,OH^-}$$

リン酸 (2) には，酸としての機能を果たす H が 3 個ある．(3) では，このうちの 2 個がエステル生成に使われている．一つはグリセリンとのエステル，ほかはコリン（アルコール）(4)（水酸化物の形で示した）とのエステルである．(3) や (4) の $\overset{+}{N}(CH_3)_3$ の構造については，配位結合のことを思い出すこと．(3) のリン酸が陰イオンにしてあるのは，双性イオン型として式を書いたからである．

スフィンゴリン脂質は，グリセリドではなく，スフィンゴシン（スフィンゲニン）(5) のリン酸エステルである．

$$\underset{(5)}{\begin{array}{c}CH_3(CH_2)_{12}CH=CHCH-CH-CH_2OH\\ |\quad\ |\\ OH\ \ NH_2\end{array}}$$

$$\underset{(6)}{\begin{array}{c}\phantom{CH_3(CH_2)_{12}CH=CHCH-CHCH_2O-}\overset{O}{\|}\\ CH_3(CH_2)_{12}CH=CHCH-CHCH_2O-P-O-CH_2CH_2\overset{+}{N}(CH_3)_3\\ |\quad\ |\quad\quad\quad |\\ OH\ \ NH\quad\quad O^-\\ \phantom{OH\ \ }|\\ \phantom{OH\ \ }COR\end{array}}$$

動物の臓器に広く分布しているスフィンゴミエリン (6) は, スフィンゴリン脂質の例である.

リン脂質のリン酸部分に代わって糖が組み込まれたものが, 糖脂質である. グリセロ糖脂質およびスフィンゴ糖脂質がある. このほかに, ステロイド (後述) に糖の結合した糖脂質などもある. これらの糖脂質もまた動植物界, 細菌類に広く分布している物質である.

## 16・3 テルペノイド, ステロイド, プロスタノイド

テルペノイドは, イソプレン (1) 単位が複数個結合してできる骨格を基本構造とする一群の化合物である.

$$CH_2=C(CH_3)-CH=CH_2$$
(1)

天然に広く分布し, 例えば, トマトの赤い色素リコペン (2) や, ニンジンの色素 $\beta$-カロテン ($\beta$-カロチン) (3) はテルペノイド炭化水素である.

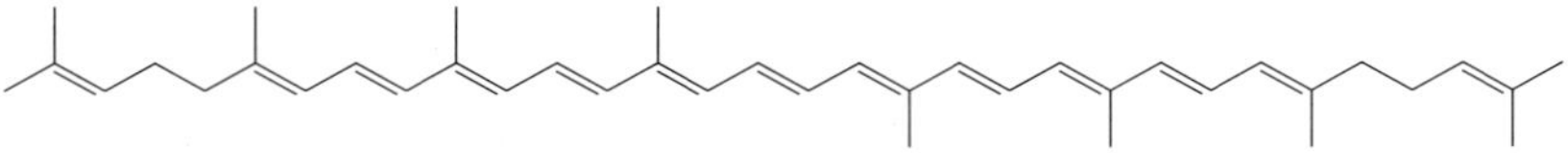

(2)

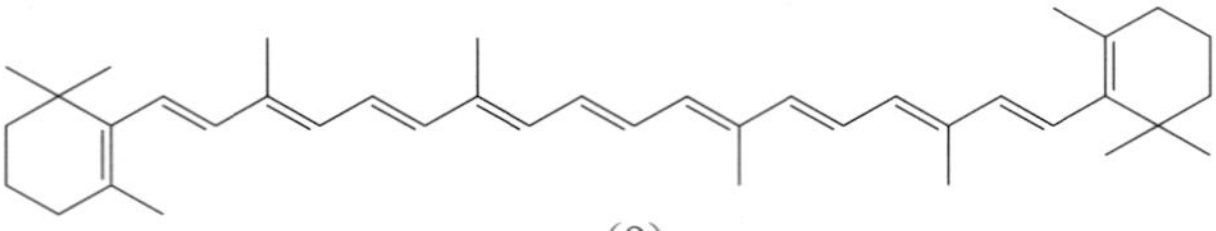

(3)

(2) や (3) では, $-C=C-C=C-$ という炭素二重結合が単結合で結ばれた構造 (共役 (きょうやく) 二重結合) がいくつも連なっている. この構造は, 化合物が色をもつ原因となる. (2) は赤色結晶, (3) は赤褐色結晶である. ビタミン A (レチノール) (4) は黄色結晶で, テルペノイドアルコールである. $cis$-レチナール (5), $trans$-レチナール (6) は, ビタミン A の $CH_2OH$ 部分が CHO に酸化された化合物で, 視覚に関与する物質である.

## 16・3 テルペノイド，ステロイド，プロスタノイド

(4)

(5)                                  (6)

　ステロイドは，(7) の骨格をもつか，この骨格と密接に関係する構造をもつ化合物である．生物界に広く分布する．

　コレステロール (8) は，その代表的な化合物である．

(7)                    (8)

　13・6節で述べたように，(7) の5員環や6員環は平面構造ではなく，天然に産出するステロイドの基本骨格 (7) の立体構造は，(9) か (10) である．

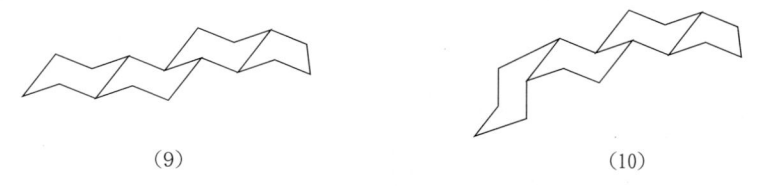

(9)                        (10)

　実際の化合物では，コレステロールのように環に二重結合が入ったり，エストラジオール (12) のように環がベンゼン環のものがあるので，これに応じて分子の形は (9) や (10) とは少し違ってくる．

　コレステロールは，酢酸からテルペノイド炭化水素スクワレンを中間体として動物体内で合成される．コレステロールは，ステロイドホルモンなど他のステロイドの動物体内での合成の出発物である．

(11)〜(14)は，ステロイドホルモンの例である．

テストステロン(11)は男性ホルモンである．エストラジオール(12)とプロゲステロン(13)は女性ホルモン，コルチゾン(14)は副腎皮質ホルモンの一つである．

コール酸(15)は，胆汁酸の一つで(10)型の骨格をもつ．点線で示された結合は，(16)に示すように，このOHがステロイドの環面の下側についていることを意味する表示である．(14)の…OHも同様である．

動物の性機能に関わる男性ホルモン，女性ホルモン，また糖新生やタンパク質代謝，$Na^+$，$K^+$の代謝に関与する副腎皮質ホルモンなど，ステロイドには特殊な生理作用をもつ化合物が多い．また薬理作用を示すものも種々知られており，コルチゾン(14)は抗炎症作用の著しいステロイドの一つである．

16・3 テルペノイド,ステロイド,プロスタノイド

今日では,天然物の作用の増強,副作用の減少,さらにまた天然物にみられない薬理作用を求めて多くのステロイドが人工的に合成されて,実用に供せられている.

例えば,プレドニゾロン(17)は抗炎症剤として,また19-ノルエチニルテストステロン(18)は経口避妊薬の成分として用いられる.

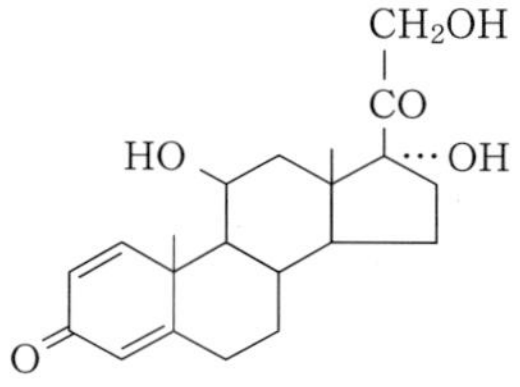

(17) 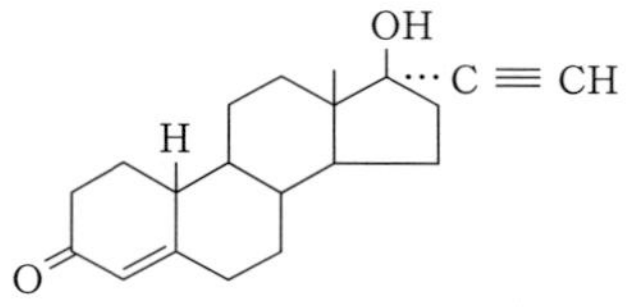　　　　　　　　(18)

いずれも,天然に存在するステロイドではなく,合成によって得られた「天然物を変形した」ステロイドである.

抗クル病因子のビタミンDもステロイドの関連化合物である.

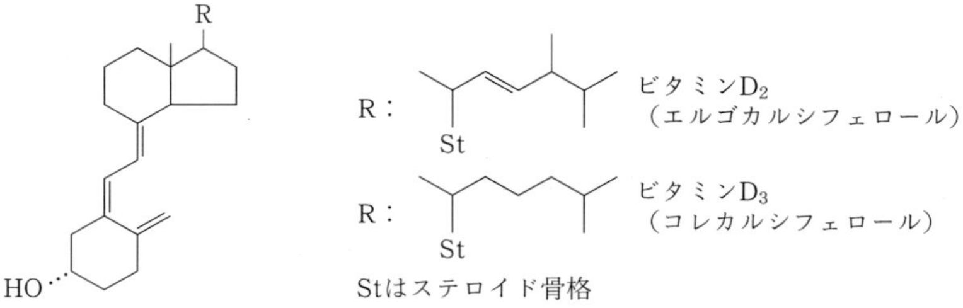

R: （St付き） ビタミン$D_2$（エルゴカルシフェロール）

R: （St付き） ビタミン$D_3$（コレカルシフェロール）

Stはステロイド骨格

プロスタノイドは,プロスタグランジンとその関連化合物の総称である.

プロスタグランジンは,微量ながら動物の組織,体液に存在し,睡眠調節,血圧調節,炎症促進,分娩誘発など多様の生理活性を示す化合物である.

体内では,アラキドン酸(19)などの不飽和脂肪酸から生合成される.

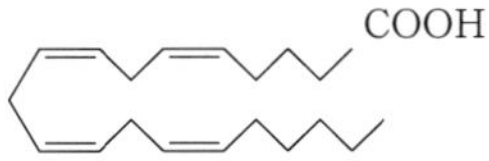

(19) 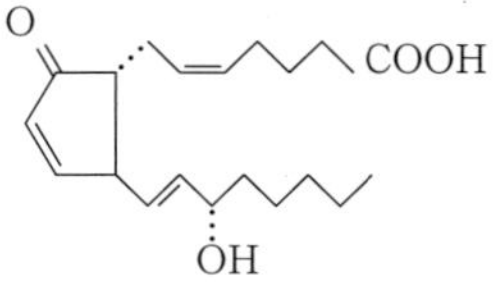　　　　　　　(20) 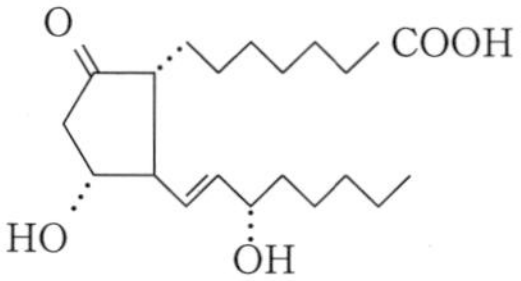　　　　　　　(21)

アラキドン酸は，グリセロリン脂質のアシル部分（RCO）として存在する．

プロスタグランジンは，5員環を含むカルボン酸である．化合物の例（20）は $PGA_2$，（21）は $PGE_1$ などのように命名される．PG はプロスタグランジンの略，A，E などは5員環の構造によるグループの記号，下ツキの数字は炭素鎖中の二重結合の数である．

# 第 17 章

# アミノ酸とタンパク質

## 17・1 アミノ酸

アミノ酸は，同一分子内にアミノ基 $NH_2$ とカルボキシル基 COOH を含む化合物である．$NH_2$ の代りに NH をもつものもあり，これもアミノ酸に分類される．

$NH_2$ と COOH との相対的な位置関係は，次のように示される．

```
  C-C-C-COOH        C-C-C-COOH        C-C-C-COOH
    |                 |                 |
    NH₂               NH₂               NH₂
  α-アミノ酸         β-アミノ酸         γ-アミノ酸
```

これらのうち，とくに重要なものは $\alpha$-アミノ酸であり，ふつう単に「アミノ酸」といえば，この $\alpha$-アミノ酸のことを指す．

COOH は酸の官能基であり，その H は酸の機能を発揮する H である．$NH_2$ は塩基の官能基であり，$H^+$ を受け取る機能をもつ．

このように，酸と塩基の官能基が同じ分子中にあるという特徴のある構造から，アミノ酸は次の (1) のような分子内の塩を形成し得る．

```
  R-CH-COO⁻        CH₃-CH-COOH       CH₃-CH-COO⁻
    |                 |                 |
    NH₃⁺              NH₂               NH₃⁺
    (1)               (2)               (3)
```

(2) はアラニンという $\alpha$-アミノ酸である．これは，白色結晶で，297 ℃という高い融点（分解点）をもつ．また水に易溶な反面多くの有機溶媒に難溶であ

る．このような性質は，他の有機化合物一般の性質とは大いに趣を異にしている．これは，分子内イオン構造（3）がその性質に反映している結果として理解できる．

　アミノ酸は，このアラニンの例のように，一般にその結晶の融点（分解点）は高い．また，水に溶けやすく有機溶媒には難溶である．

　アミノ酸の水溶液中では，次の平衡が成立している．

$$R-CH(NH_2)-COOH$$

$$R-CH(NH_2)-COO^- \rightleftarrows R-CH(NH_3^+)-COO^- \rightleftarrows R-CH(NH_3^+)-COOH$$

$$(5) \qquad\qquad (4) \qquad\qquad (6)$$

アミノ酸は，酸であると同時に塩基でもある両性電解質で，水溶液中では分子内で＋と－の分離したイオン（4）に電離する．このようなイオンを双性イオン，両性イオンまたは双極イオンと呼ぶ．

　この平衡での（4），（5），（6）の濃度は，その溶液の pH に依存する．（5）と（6）の濃度が等しくなるときの pH の値を等電点といい，各アミノ酸はそれぞれ固有の等電点をもつ．等電点では，その系の総電荷は 0 である．

　中性アミノ酸の等電点は 5～6.3, 酸性アミノ酸，塩基性アミノ酸ではそれぞれ 2.8～3.2, 7.6～10.8 くらいである．なお，中性アミノ酸とは $R-CH(NH_2)-COOH$ の R 中に COOH, $NH_2$ のないもの，酸性アミノ酸とは R 中に COOH のあるもの，また塩基性アミノ酸は R 中に $-\overset{O}{\underset{\|}{C}}-NH_2$ 以外の，塩基性の原因となる $NH_2$ や NH をもつアミノ酸である．

　$\alpha$-アミノ酸は，グリシン $H_2NCH_2COOH$ 以外の化合物の $\alpha$ 位の炭素原子（COOH の隣りの炭素原子）は不斉炭素原子である．この不斉炭素原子に由来する鏡像異性体を，化合物名の前に D-，L- の記号をつけて区別する．

　このことを，アラニンを例にして説明すれば，次のように，フィッシャー投

17・1 アミノ酸

影式で $NH_2$ が右側にあるものを D-, 左側のものを L- とする.

```
   COOH              COOH                 COOH              COOH
    |                 |                    |                 |
H···C⟍CH₃  ≡   H―C―NH₂           H₂N⟍C···CH₃  ≡   H₂N―C―H
    |                 |                    |                 |
  H₂N               CH₃                    H               CH₃
         D-アラニン                                L-アラニン
```

他の化合物でも同様である.

```
   COOH              COOH                 COOH              COOH
    |                 |                    |                 |
H―C―NH₂         NH₂―C―H             H―C―NH₂         N₂H―C―H
    |                 |                    |                 |
   CH₂               CH₂                 CH₂OH             CH₂OH
    |                 |
   CH₂               CH₂
    |                 |
  COOH              COOH
 D-グルタミン酸      L-グルタミン酸           D-セリン           L-セリン
```

天然には, D-α-アミノ酸も, L-α-アミノ酸も存在する. しかし, タンパク質を構成するアミノ酸は, すべて L-アミノ酸である (グリシンには D-, L- の別はない).

〔問17・1〕 β-アラニン $H_2NCH_2CH_2COOH$ は天然に存在する. このアミノ酸には, D-, L- の区別があるか否か.

天然には, 多数のアミノ酸が広く分布している. そのうちで, タンパク質に見出されるアミノ酸は 20 種ほどある. これらを表にまとめる. 再度強調すれば, グリシン以外ではいずれも, L-系列の α-アミノ酸である.

| 構　造　式 | 名称と略号 |
|---|---|
| $R-CH(NH_2)-COOH$ の R に官能基のない $\alpha$-アミノ酸 | |
| $H-CH(NH_2)-COOH$ | グリシン（グリココル）　Gly |
| $CH_3-CH(NH_2)-COOH$ | L-アラニン　Ala |
| $CH_3CH-CH(NH_2)-COOH$<br>　　｜<br>　　$CH_3$ | L-バリン*　Val |
| $CH_3CHCH_2-CH(NH_2)-COOH$<br>　｜<br>　$CH_3$ | L-ロイシン*　Leu |
| $CH_3CH_2CH-CH(NH_2)-COOH$<br>　　　｜<br>　　　$CH_3$ | L-イソロイシン*　Ile |
| R に $-OH$ を含む $\alpha$-アミノ酸（鎖式） | |
| $HOCH_2-CH(NH_2)-COOH$ | L-セリン　Ser |
| $CH_3CH-CH(NH_2)-COOH$<br>　｜<br>　$OH$ | L-トレオニン*　Thr |
| R に $-SH$, $-S-$ を含む $\alpha$-アミノ酸 | |
| $HSCH_2-CH(NH_2)-COOH$ | L-システイン　Cys |
| $CH_3SCH_2CH_2-CH(NH_2)-COOH$ | L-メチオニン*　Met |
| $SCH_2-CH(NH_2)-COOH$<br>｜<br>$SCH_2-CH(NH_2)-COOH$ | L-シスチン　Cys-Cys |
| R に $-COOH$ を含む $\alpha$-アミノ酸 | |
| $HOOCCH_2-CH(NH_2)-COOH$ | L-アスパラギン酸　Asp |
| $HOOCCH_2CH_2-CH(NH_2)-COOH$ | L-グルタミン酸　Glu |
| R に $-NH_2$, $=NH$, $-CONH_2$ を含む $\alpha$-アミノ酸 | |
| $H_2NCH_2CH_2CH_2CH_2-CH(NH_2)-COOH$ | L-リシン（リジン）*　Lys |
| $H_2NCNHCH_2CH_2CH_2-CH(NH_2)-COOH$<br>　‖<br>　$NH$ | L-アルギニン　Arg |
| $H_2NCOCH_2-CH(NH_2)-COOH$ | L-アスパラギン　Asn |
| $H_2NCOCH_2CH_2-CH(NH_2)-COOH$ | L-グルタミン　Gln |
| R にベンゼン環を含む $\alpha$-アミノ酸 | |
| ⌬$-CH_2-CH(NH_2)-COOH$ | L-フェニルアラニン*　Phe |
| $HO-$⌬$-CH_2-CH(NH_2)-COOH$ | L-チロシン　Tyr |

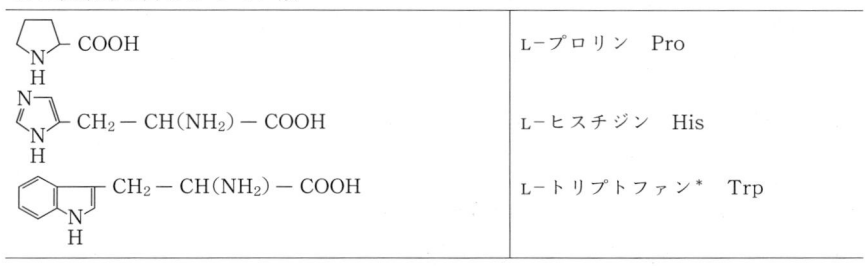

| Rに複素環を含むα-アミノ酸 | |
|---|---|
| ⟨pyrrolidine⟩-COOH | L-プロリン　Pro |
| ⟨imidazole⟩-CH$_2$-CH(NH$_2$)-COOH | L-ヒスチジン　His |
| ⟨indole⟩-CH$_2$-CH(NH$_2$)-COOH | L-トリプトファン*　Trp |

名称の肩に*印をつけたアミノ酸は，成人が栄養を保つ上で外から摂取しなければならないアミノ酸である．これらは必要な量だけ体内で合成することができないアミノ酸で，必須アミノ酸とか不可欠アミノ酸とか呼ばれている．必須アミノ酸は，動物の種類，年齢などによっても異なる．ヒトの場合，成長期には表の*印のアミノ酸のほかにアルギニンとヒスチジンが加わる．

〔問17・2〕 上の表で，グリシンだけ化合物名にL-がついていないのはなぜか．
〔問17・3〕 表の化合物中，構造異性体はどれか．
〔問17・4〕 L-バリンのフィッシャー投影式を書け．
〔問17・5〕 トレオニンには，2個の不斉炭素原子がある．それは，どれとどれか．また，この構造に対して何種の立体異性体が考えられるか．

## 17・2　ペプチド，タンパク質

$$\underset{(1)}{H_2NCH_2CONHCHCOOH\ (CH_3)} \qquad \underset{(2)}{-\overset{O}{\overset{\|}{C}}-\overset{H}{\overset{|}{N}}-} \qquad \underset{(3)}{-\overset{O}{\overset{\|}{C}}-OH \quad H-\overset{H}{\overset{|}{N}}-}$$

(3) H$_2$O 分子の脱離

(1)はグリシルアラニンという化合物である．この式のCONH部分を結合を展開して書くと，(2)のようになる．この結合は，(3)に示すように，グリシンの-COOHとアラニンのH$_2$N-の間で水分子H$_2$Oがとれてできた形になっ

ている.

　この化合物のように，2個以上のアミノ酸分子が，一方のCOOHと他方のNH$_2$との間で $-\overset{\overset{O}{\|}}{C}-NH-$ 結合をつくった化合物を，ペプチドと総称する．また，このアミノ酸を結び付けている結合 $-\overset{\overset{O}{\|}}{C}-NH-$ をペプチド結合という．

　結合するアミノ酸の数に応じてジペプチド（2個），トリペプチド（3個），テトラペプチド（4個）などと呼ぶ．また，アミノ酸10個くらいまでのものをオリゴペプチド，それ以上のものをポリペプチドと呼んでいる．

　分子量が5000程度を越えるポリペプチドをタンパク質と呼ぶ．

　ペプチドの式は，ふつう，H$_2$Nの残っているアミノ酸部分を左端に，COOHの残っているアミノ酸部分を右端に書く習わしになっている．これらの両端と途中のアミノ酸部分を，式の下に示したように呼ぶ．

$$\underbrace{H_2N-\overset{\overset{R^1}{|}}{CH}-CO}_{\text{アミノ末端（N末端）}}-\underbrace{NH-\overset{\overset{R^2}{|}}{CH}-CO}_{\text{アミノ酸残基}}-NH\cdots\cdots CO-\underbrace{NH-\overset{\overset{R^n}{|}}{CH}-COOH}_{\text{カルボキシル末端（C末端）}}$$

　脳下垂体後葉ホルモンのオキシトシンは，子宮収縮作用や乳汁射出作用をもつホルモンである．この化合物は，9個のアミノ酸からなるオリゴペプチドである．脳下垂体後葉のホルモンであるバソプレッシンも，アミノ酸9個のオリゴペプチドである．このホルモンは血圧上昇を促す作用や抗利尿作用をもつ．副腎皮質刺激ホルモン（ACTH）は，39個のアミノ酸からのポリペプチドである．また，ある種の抗生物質にもペプチド構造を含むものが知られている．

　(4)は，ほとんどすべての生物に含まれているグルタチオンと呼ばれるトリペプチドである．生体内酸化還元反応その他の重要な生体反応に関わる化合物である．

$$\overset{\overset{NH_2}{|}}{HOOCCHCH_2CH_2CONH}\overset{\overset{CH_2SH}{|}}{CH}CONHCH_2COOH$$
$$(4)$$

このペプチドは，次のように，3種のアミノ酸が ⌣⌣ のところで結合した構造をしている．

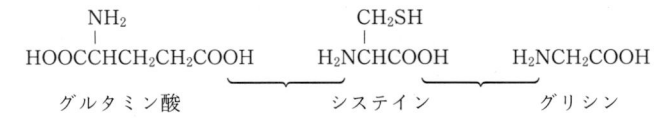

$$\underset{\text{グルタミン酸}}{\underset{|}{\text{HOOCCHCH}_2\text{CH}_2\text{COOH}}^{\text{NH}_2}} \quad \underset{\text{システイン}}{\underset{|}{\text{H}_2\text{NCHCOOH}}^{\text{CH}_2\text{SH}}} \quad \underset{\text{グリシン}}{\text{H}_2\text{NCH}_2\text{COOH}}$$

この化合物は，一般のペプチドとは異なる例外的な構造をもつトリペプチドである．それは，グルタミン酸のペプチド結合に参画する COOH が，$NH_2$ の結合する C につく COOH ではない，という点である．天然に産出するペプチドは，そのほとんどが，$-CH(NH_2)COOH$ の COOH と他分子の $NH_2$ からのペプチド結合による化合物である．

これらの例にみるように，オリゴペプチド，ポリペプチドには重要な生理作用を示す物質が種々知られている．

〔問17・6〕アラニルアラニン（アラニン2分子からのジペプチド）の構造式を書け．

タンパク質は英語では protein という．この名称はギリシア語の proteios (primary，第一の) に由来する．ドイツ語では Eiweiss (中性名詞) で，蛋白質（タンパク質）という名称はこれから来ている．Eiweiss は「卵白」であり，蛋とは卵のことである．

タンパク質は，生物に最も重要な物質の一つである．われわれの体の筋肉，腱，皮膚，毛髪，爪，神経，血液などの主成分であり，ホルモン，酵素，抗体として重要な化合物も多い．

タンパク質は，L-$\alpha$-アミノ酸がペプチド結合で結ばれた高分子のペプチドである．分子量は 5000 から数百万のものまで様々である．

アミノ酸を $R^1-CH(NH_2)-COOH$，$R^2-CH(NH_2)-COOH$，$\cdots$ $R^n-CH(NH_2)-COOH$ とすれば，タンパク質の構造は次式のようになる．

$$\underset{\substack{|\\H_2N-CH-CO}}{R^1}-NH-\underset{\substack{|\\CH-CO}}{R^2}\cdots\cdots NH-\underset{\substack{|\\CH-COOH}}{R^n}$$

構成アミノ酸は，さきに表に示した20種ほどのL-$\alpha$-アミノ酸である．ペプチド結合は，すべて，$-CH(NH_2)COOH$ の COOH と $\alpha$ 位の $-NH_2$ の間でつくられる．$R^1$，$R^2$，… は側鎖と呼ばれる原子団であり，例えば，アラニンでは $CH_3$，バリンでは $(CH_3)_2CH-$，セリンなら $HOCH_2-$ などである（グリシンの場合は H 原子）．

この $R^1$，$R^2$，… $R^n$ がどのような基か，別の言葉でいえば，どのようなアミノ酸がどのような順序で連なっているか，がタンパク質の種類を決め，その性質や生体内での機能を支配する．

このアミノ酸の配列の順序のことを，タンパク質の一次構造という．

一次構造が初めて明らかにされたタンパク質は，インスリン（インシュリン）である．インスリンは，すい臓のランゲルハンス島の細胞から分泌されるタンパク質ホルモンである．グルコースの細胞への取込みを促し，血液中のグルコース（血糖）の量を下げる作用をもつ．糖尿病の治療に用いられる物質である．イギリスの生化学者サンガー（1918-，1958年，1980年ノーベル化学賞受賞）は，ペプチドのN末端アミノ酸残基を決定する化学的方法を開発し，この方法を巧みに用いてウシのインスリンのアミノ酸配列順序を確定することに成功した（1955年）．当時まで不可能と考えられていた一次構造解明の道を拓いたこの業績は，まさに画期的なものといえる．この研究によれば，インスリンは，アミノ酸21個のポリペプチド鎖とアミノ酸30個のポリペプチド鎖が2本の $-S-S-$ 結合によって結合されたタンパク質である．

今日では，一次構造決定の化学的方法も大いに進み，また分析機器も進歩して，各種のタンパク質の構造が解明されている．

タンパク質の分子は，アミノ酸が連なってただ鎖のように延びているものではない．そのペプチド鎖は，タンパク質の種類に応じた立体構造をとってその機能を発揮している．

タンパク質は，その分子の形によって繊維状タンパク質と球状タンパク質と

に大別される.

繊維状タンパク質は,細長い分子のタンパク質で動物の基本的構造物質である.ケラチン(毛髪,爪,角,羽毛など),コラーゲン(軟骨,腱,じん帯,皮膚など),またフィブロイン(絹)などがこれに属する.水には溶けない.

タンパク質分子のとる秩序構造の一つは,α-ケラチンにみられるαヘリックス(αらせん)と呼ばれる形である.

これは,図に示すような右巻きのらせんである.ペプチド鎖をこの形に保つ力は,らせんの軸に平行な分子内の水素結合 $\diagdown$C=O…H-N である.このらせんは,アミノ酸残基 3.6 個で 1 回転し,ピッチは 0.54 nm (nm = $10^{-9}$ m) とされている.らせんの長さは,タンパク質の種類により様々である.このような立体構造に規則性に乏しい構造が組み合わされて全体の立体構造ができあがっている.

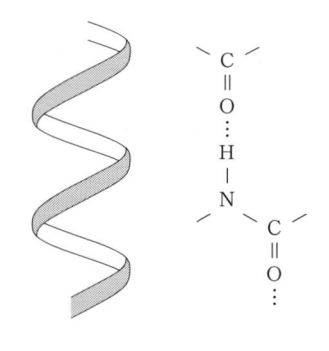

絹のフィブロインにみられる規則性構造は,これとはまったく異なり,βシートと呼ばれる形をとっている.これは,図のような,波状の屏風(びょうぶ)のような構造である.

この構造では,ペプチド結合の $\overset{\text{O}}{\overset{\|}{\text{C}}}-\text{C}-\overset{\text{H}}{\overset{|}{\text{N}}}-\text{C}$ が平面上にあって,この平面が図のように折れ曲がった形になっている.側鎖 R はこの面外につき出ている.このようなペプチド鎖が,隣り合う 2 本の鎖の間で水素結合 N-H…O=C$\diagdown$ をつくって結合している.

このαらせん構造とβシート構造が,タンパク質の代表的な規則的立体構造である.

ペプチド鎖が水素結合によりつくりあげている規則的立体構造のことを,タンパク質の二次構造という.

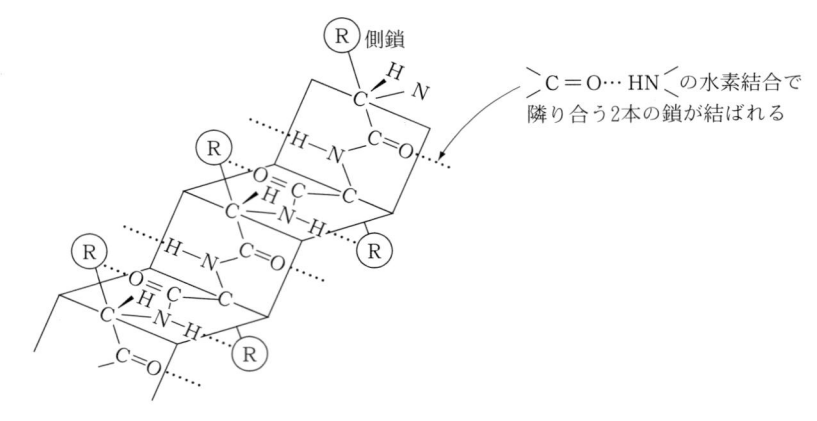

>C=O…HN< の水素結合で
隣り合う2本の鎖が結ばれる

R 側鎖

コラーゲンでは，3本のペプチド鎖が左らせんを巻き3本が水素結合で結ばれて「三重らせん構造」をつくっている．そしてこのからみ合った三重らせんが全体として右巻きらせんで立体構造をつくりあげている．

繊維状タンパク質は，これらの構造をとって強い組織をつくりあげている．

球状タンパク質の分子は，二次構造が折れ曲がり丸まった形をとっている．このような形をタンパク質の三次構造という．三次構造をつくる力は，水素結合のほかに $COO^-$ と $NH_3^+$ との間の引力，$-S-S-$ 架橋などが考えられている．三次構造では，$COOH$ や $NH_2$，また $OH$ などの親水性の基が外側を向き，C, H 部分など疎水性の基は球の内側にたたみ込まれている．このため，球状タンパク質は水溶性である．タンパク質は高分子化合物であるから，その溶液はコロイド溶液である．

球状タンパク質は，種々の機能をもつ．酵素，抗体，タンパク質ホルモン，輸送タンパク質（ヘモグロビンなど），貯蔵タンパク質（栄養源）など，いずれもこの球状タンパク質である．

タンパク質の四次構造と呼ばれるものもある．これは，タンパク質分子の集合構造である．例えば，ある種の酵素では単一の分子だけではその機能が発揮できず，多分子が会合して初めて酵素としての活性が現れる．つまり，この場合，活性発現のためには四次構造が必要ということになる．

球状タンパク質は，熱，紫外線，酸，アルカリ，塩類などの作用で，不可逆

的に不溶性となり生理活性を失う．これは，タンパク質の変性と呼ばれる現象である．その原因は，三次構造や四次構造が環境の変化に敏感で，これらの作用に影響されるためである．

二次構造，三次構造，四次構造を高次構造と総称する．

ペプチド結合は，加水分解によって－COOH と $H_2N$－とになる．加水分解でアミノ酸だけを生成するものを単純タンパク質という．これに対して，ペプチド鎖に他の物質が結合しているものは複合タンパク質と呼ばれる．核酸と結合している核タンパク質，脂質と結合しているリポタンパク質，糖と結合している糖タンパク質などがその例である．

---

### タンパク質の呈色反応

#### 1) ビウレット反応

タンパク質の溶液に，硫酸銅(Ⅱ)溶液とアルカリ溶液を加えると，深みのある紫色から赤紫色を呈する．ビウレット $H_2NCONHCONH_2$ がこの呈色反応を示すところから，この名称がある．

#### 2) キサントプロテイン反応

ベンゼン環をもつアミノ酸を含むタンパク質に，濃硝酸を加えて加熱すると黄色を呈する．冷却後アルカリを加えると，橙黄色に変化する．これは，ベンゼン環のニトロ化による呈色と考えられている．硝酸が皮膚に触れたとき黄色となるのはこの反応である．キサント xantho は黄色，プロテイン protein はタンパク質である．

---

## 17・3 酵素

生物の体内では，多種多様の様々の化学反応が行われている．これらの反応を，寸分の狂いもなく秩序正しく効率的に かつ速やかに，体温という比較的低い温度で，またほぼ中性の条件で進行させる物質が酵素である．

酵素は，生物の体内で合成された，化学反応の触媒である．

酵素はタンパク質である．生体内反応の多様性に対応して，酵素の種類は膨

大な数にのぼる.

「鍵と鍵穴」という言葉がある．酵素の基質特異性を表現したものである．ただ1種類の特定の化合物の反応だけの触媒となる「基質特異性の高い」酵素もあり，似通った構造の化合物の変化に関与する「基質特異性の低い」酵素もある．

立体特異性も酵素の重要な性質である．多くの反応で，鏡像異性体のうちの一方の化合物だけが酵素の作用を受ける．シス－トランス異性体を識別して一方にだけ作用する酵素も知られている．

カタラーゼは，過酸化水素 $H_2O_2$ を $O_2$ と $H_2O$ に分解する酵素である．この際，$CH_3CH_2OH$ など酸化される化合物があればこれらの酸化が起こる．ほとんどすべての生物に存在し，動物組織では肝臓，赤血球に多い．植物では葉緑体などに見出される．ペルオキシダーゼも，過酸化水素による他の有機化合物を酸化する反応の触媒である．植物組織に広く分布する．カタラーゼもペルオキシダーゼも鉄ポルフィリンタンパク質と呼ばれるもので，$Fe^{3+}$ のポルフィリン錯体がタンパク質に結合した酵素である．この部分が酵素活性の発現に関与する．この例の鉄ポルフィリン部分のようなものを補欠分子族という．補欠分子族とは，複合タンパク質のタンパク質以外の部分で，簡単にタンパク質からはずれにくい結合の強いものを指す用語である．

補酵素（助酵素）とは，ある種の酵素のタンパク質部分に結合して酵素活性を発揮させる低分子化合物である．タンパク質との結合力の強いものもあり，弱いものもある（結合力の強いものは補欠分子族である．しかし補酵素として扱われるものもある）．結合力の弱いものは，透析によりタンパク質から解離する．補酵素 I（ニコチンアミドアデニンジヌクレオチド，$NAD^+$）はその例である．多くの脱水素酵素の補酵素として生体内での水素原子の伝達に関わる．

水素授受の部位だけを示せば，

## 17・3 酵素

$$\underset{\text{酸化型}}{\text{NAD}^+} \rightleftharpoons \underset{\text{還元型}}{\text{NADH}}$$

NAD$^+$が基質から水素を受け取り，還元型となって他の基質へ水素原子を伝達する役を果たす．

例として取り上げた，鉄ポルフィリンや補酵素Ⅰの構造，また酵素作用への関与については，これ以上立ち入らない．「生化学」の学習を通して，さらに詳しい知識を身につけていただくことを期待する．

なお，ビタミンには補酵素の前駆体（補酵素に変換する化合物）がいろいろと知られていることをつけ加える．

また，活性発現に，上に述べたFe$^{3+}$のほかK$^+$，Mn$^{2+}$，Mg$^{2+}$，Co$^{2+}$，Ca$^{2+}$などの，イオンの関与の欠かせない酵素も多い．

酵素は球状タンパク質であって，その活性は温度やpHの影響を受ける．一般に，化学反応は温度の上昇とともに速くなる．しかし，酵素反応では，ある温度以上では酵素の熱変性のため反応は進まなくなる．同様な理由から，酵素反応には最も適したpHがある．

基質や補酵素と競い合って酵素に結合する化合物もある．このような化合物は酵素の触媒作用を阻止するもので，阻害剤と呼ばれる．

酵素については，さらに詳しい初歩の解説書を紹介しておく．この書物には，酵素の臨床面への応用についてもいくつか述べられている．

田中一範著：『あなたと私の触媒学』（裳華房，2000）．

# 第 18 章

# 核 酸

　核酸はすべての細胞に存在し，遺伝情報の保持，伝達，またその情報に基づく各細胞に特有のタンパク質の合成に関与する高分子化合物である．

　核酸には，デオキシリボ核酸（DNA）とリボ核酸（RNA）との2種類がある．

　その基本構造は，いずれも，糖とリン酸残基とが交互に連なった長い鎖状構造で，糖には窒素を含む塩基が結合している．

$$-リン酸—糖—リン酸—糖—リン酸—糖-$$
$$\qquad\quad|\qquad\qquad|\qquad\qquad|$$
$$\qquad\quad塩基\qquad\quad塩基\qquad\quad塩基$$

　DNAとRNAとの違いは，まず，糖である．DNAの糖は，ハース式では(1)の $\beta$-D-2-デオキシリボフラノースであり，RNAの糖は，(2)の $\beta$-D-リボフラノースである．いずれも，ペントース（五炭糖）の5員環構造である．

|  |  |  |  |
|---|---|---|---|
| D-2-デオキシリボース（鎖式構造） | (1) $\beta$-アノマー（5員環構造） | D-リボース（鎖式構造） | (2) $\beta$-アノマー（5員環構造） |

　（記号 D-，アノマーについては，糖質の章を復習のこと．）

2-デオキシの意味は,「デ」は「脱」の意,オキシは「OH」の意で,2位の炭素原子（CHO の隣り）のところでリボースの OH がなくなって H となっている化合物が 2-デオキシリボースである.

DNA は Deoxyribonucleic Acid（デオキシリボ核酸）の略であり,RNA は Ribonucleic Acid（リボ核酸）の略である.

核酸の塩基は,特殊なものを別にすれば,一般には次の塩基である.

DNA では,アデニン,グアニン,シトシン,チミン

RNA では,アデニン,グアニン,シトシン,ウラシル

DNA も RNA も,その塩基はいずれも 4 種類であり,そのうちの一つだけ,チミンとウラシルだけが両者で違う.

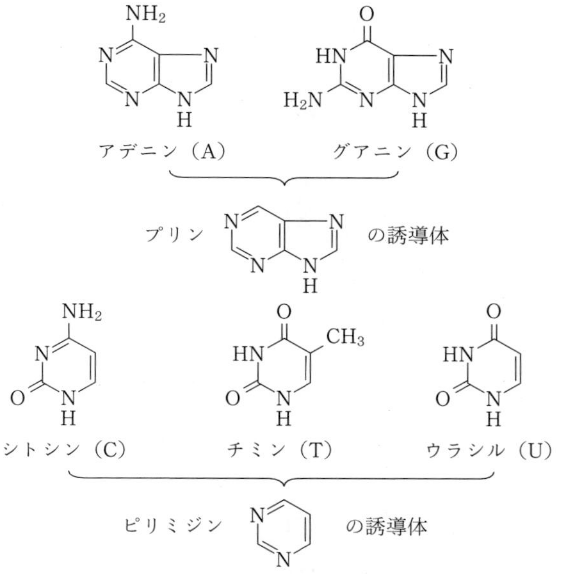

ヌクレオシドとは,これらの塩基がリボース,2-デオキシリボースと結合した化合物である.塩基と糖は,下の例に示すように,塩基の N−H の H と糖の 1 位の OH との間で水がとれた形で結合をつくる.

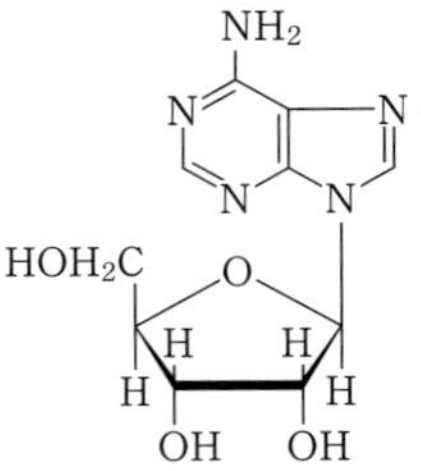

## 第18章 核 酸

アデノシン 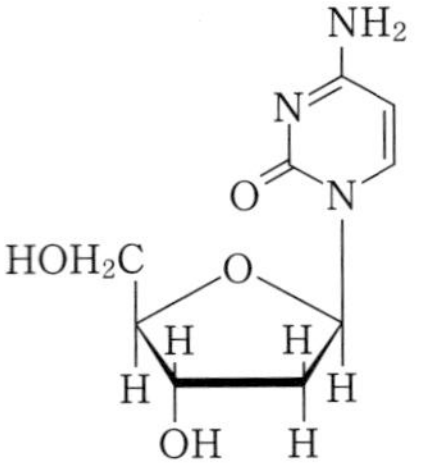　　　　　　2′-デオキシシチジン

　上例の化合物名で，2′とあるのは糖の2位の炭素原子の位置番号で，塩基の位置番号と区別するために肩に ′ をつけて命名する．

　ヌクレオチドとは，ヌクレオシドのリン酸エステルである．エステルは，リン酸とヌクレオシドの5位の OH とでできる．

　核酸は，ヌクレオチドをモノマーとする縮合重合体である．

　ヌクレオシドとヌクレオチドは,「シ」と「チ」の違いだけでかなり紛らわしい．どちらがどちらだったか分からなくなったら，ここを復習して正確な知識を身につけること．

　生物体のヌクレオチドで重要な化合物には，ほかにアデノシン三リン酸（ATP）(3) がある．

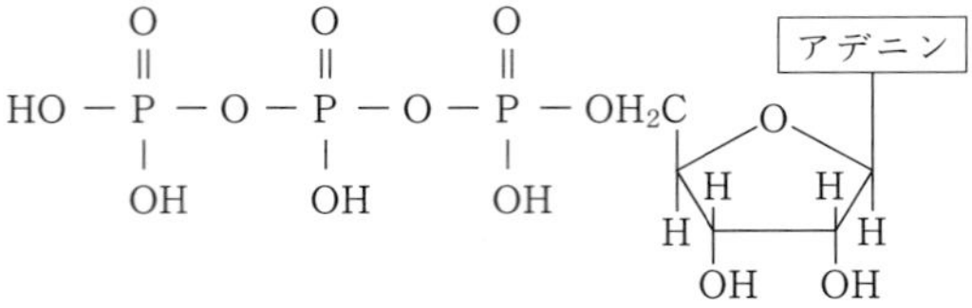

(3)

　これは，生体のエネルギーの「貯金箱」である．呼吸や食物の摂取によって得たエネルギーの大部分がこの分子に貯えられ，リン酸の加水分解によって筋肉の収縮やタンパク質の合成などに必要なエネルギーを獲得する．

　リン酸は，HO−P(=O)(OH)−OH であるから，エステルをつくり得る H は3個ある．ヌクレオチドでは，その1個が糖とのエステル生成に用いられている．残る2

個のうち1個が他のヌクレオチドの糖の3位とエステルをつくると，ヌクレオチド2分子が連結される．

このような結合様式でヌクレオチドが連なった長い鎖が核酸の骨格の構造である．

下に示すのは，$2'$-デオキシグアノシンと$2'$-デオキシシチジンとがリン酸残基で結ばれた構造である．

核酸の化学構造は，塩基が糖の1位につき，リン酸が糖の3位と5位とを結び付けたものである．

DNAは，遺伝情報の「原本」である．これは，細胞核内に大切に保管されている．RNAは，この情報に基づいてタンパク質の合成の実務を担当する核酸である．

メッセンジャーRNA（mRNA）は，「原本」の情報をタンパク質合成の場に伝達する役を担う．転移RNA（tRNA）は，タンパク質の合成に必要なアミノ酸の運び屋である．各細胞に60種類ほどあるとされている．このほかにリボソームRNA（rRNA）と呼ばれるものもあり，これはタンパク質と結合してリ

ボソームという複雑な構造をつくっている．

　…－リン酸－2′－デオキシリボース－リン酸－2′－デオキシリボース－… を DNA の幹とみなせば，DNA の構造はこの幹に塩基という枝がついたものと考えることができる．その塩基はアデニン（A），グアニン（G），シトシン（C），チミン（T）の4種類である．この A，G，C，T がどのような順序で並んでいるかがキーポイントで，この配列が個々の核酸の性質を決める．DNA は，この配列順序によって遺伝情報を保持し，それを元にして細胞はそれぞれに固有のタンパク質を合成する．

　DNA の立体構造は，1953年にアメリカのワトソン（1928-，1962年ノーベル医学・生理学賞受賞）とイギリスのクリック（1916-，1962年ノーベル医学・生理学賞受賞）が共同で提唱した二重らせんの構造である．この構造は，X 線回折法により実験的にも立証されている．

　この2本の鎖を結び付けている力は，塩基間の水素結合である．この結合は，DNA では，A と T，C と G の間でつくられる．つまり，任意の塩基間で水素結合がつくれるわけではなく，相手方の限られた特定の塩基対の間でしか結合できないのである．

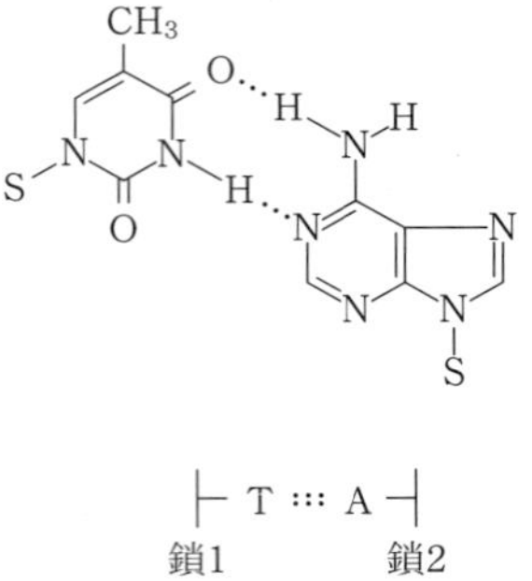

├ T ⋯ A ┤
鎖1　　鎖2

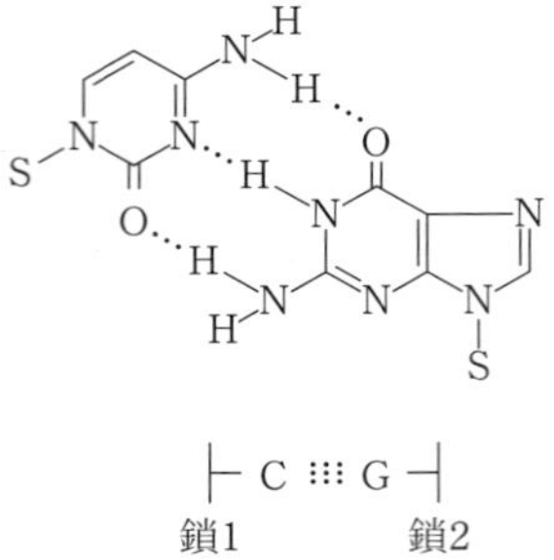

├ C ⋯ G ┤
鎖1　　鎖2

（S は 2-デオキシリボース）

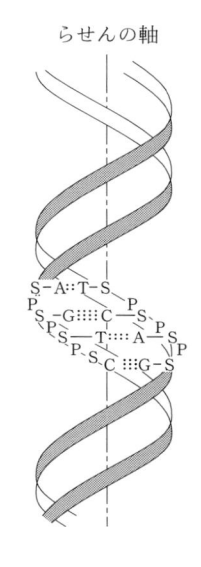

S：2-デオキシリボース
P：リン酸
A：アデニン
G：グアニン
T：チミン
C：シトシン

::::: ｝塩基間にできる水素結合

　この，DNAの「2本鎖の構造」と「特定の塩基対」とが，DNAの複製のしくみを見事に説明する．

　細胞分裂に際して，二重らせんは部分的にほどかれて1本の鎖となる．この1本鎖を元にして相手の新しい鎖がつくられてDNAの複製は完成する．このとき，A-T，G-Cという特定の塩基対の制約に規制されて，新しい鎖の塩基配列は自動的に親DNAのそれとまったく同一になる．こうして，親DNAと同じ新しいDNAができあがる．この過程に関与する酵素はDNAポリメラーゼである．

　RNAは，DNAと違って1本鎖である．mRNAはDNAの塩基配列を自分の鎖にコピー（転写）して核外へと運び出す．ここでもまた，「特定の塩基対」の規制が働いている．その対は，A-U，G-Cである．Uはウラシルであり，RNAではこの塩基が用いられる．転写のしくみは，DNAの複製の場合と同じように考えればよい．

　DNAの一部ほどけた部分で，A-U，G-Cの対に従ってDNAの塩基配列を写し取ったRNAがつくられる．このとき働く酵素はRNAポリメラーゼである．

# 第 18 章 核　酸

　タンパク質合成の場リボソームでは，mRNA の指令に基づいて，活性化されたアミノ酸が運び込まれ，指令通りの順序に結び付けられてその細胞に特定のタンパク質が合成される．この合成の過程は，mRNA，tRNA，rRNA，各種の酵素などの協同作業によって行われる．

　初歩的な参考書を紹介しておく．


美宅成樹著：『分子のひもの謎を解く』（裳華房，1992）．
美宅成樹著：『分子生物学入門』（岩波新書，2002）．

# 問 の 答 の ヒ ン ト

〔問11・1〕(a) C骨格はC−C−C−C，各CにHをつける．(b) 骨格はC−C−C−Cか，C−C−C−O−Cか．(c) COOHはどのような構造の簡略化か．(d) $NH_2$ はどのような構造の簡略化か．

〔問11・2〕線表示の式の説明 1)〜4) に従って，省略されているC, Hを入れる．線の端にもCがあることを忘れないこと．(2) のように線の端にClなどが記されているときには線の端はClでCではない．

〔問11・3〕 $C_{27}H_{46}O$

〔問12・1〕いずれも，まず結合を完全に展開した式にする．その上で単結合には1対の電子対を，二重結合，三重結合には，それぞれ，2対，3対の電子対を書く．非共有電子対を書き忘れないこと．

〔問12・2〕エチルアミンの分子は，Hを介してN⋯H−Nのような結合で会合している．水分子とは，N−H⋯O，O−H⋯Nの水素結合ができる．

〔問13・1〕 $CH_3$ 部分は四面体構造，CHO部分は平面構造，CN部分は直線状構造である．

〔問13・2〕不斉炭素原子をもつものは乳酸である．(a), (b), (d) には不斉炭素原子はないことを確認すること．

〔問13・3〕13・5節を学習すること．

〔問13・4〕鏡像異性体では，不斉炭素原子につくHと $NH_2$ が逆になる．

〔問13・5〕ジクロロエチレンでは，構造異性体が2種，そのうちの一つには立体異性体がある．異性体の数は全部で3種．

〔問13・6〕メチルアセチレン−C≡C−部分の立体構造を考えること．答は「否」である．

〔問13・7〕この化合物には不斉炭素原子がいくつあるか．13・5節を復習して立体異性体の式を書くこと．

〔問14・1〕化合物の構造式を確認すること．官能基の意味を復習すること．

〔問15・1〕L-ガラクトースは，D-ガラクトースの鏡像異性体である．グルコースの例にならってフィッシャー投影式をつくること．なお，L-ガラクトースは多糖の構成員として天然に産出する．

〔問15・2〕（a）両者は構造異性体か否か．両者は立体異性体か否か．両者は鏡像異性体か否か．（b）両者の化学構造は同一か否か．（c）D-, L-の意味を復習のこと．

〔問15・3〕ラクトース：まず $\beta$-D-ガラクトピラノースとD-グルコピラノースのハース式を書く．次にガラクトピラノースの1位のOHとグルコピラノースの4位のOHの間で$H_2O$をとって両者を-O-で結ぶ．マルトース：上と同じ手続きで構成単糖のハース式を書き両者を-O-結合で結ぶ．式が書けたら，ラクトースにもマルトースにもアノマーが存在することを確認すること．

〔問15・4〕これらの化合物のD-グルコースの連なり方を復習のこと．

〔問17・1〕$\beta$-アラニンに不斉炭素原子があるか否か．

〔問17・2〕グリシンに不斉炭素原子があるか否か．

〔問17・3〕$R-CH(NH_2)-COOH$のRについて，C-C-C-, C-C-C- とCのな
　　　　　　　　　　　　　　　　　　　　　　　　　　｜　　　｜
　　　　　　　　　　　　　　　　　　　　　　　　　　C　　　C
らび方が異なっているアミノ酸はどれか．

〔問17・4〕右のように書き，$\alpha$位のCにHと$NH_2$を入れる（L-に注意）．

$$\begin{array}{c} COOH \\ | \\ -C- \\ | \\ CH(CH_3)_2 \end{array}$$

〔問17・5〕不斉炭素原子は2個ある．考えられる立体異性体のフィッシャー投影式を書いてみること．タンパク質に見出されるのは右の式の化合物である．

$$\begin{array}{c} COOH \\ | \\ H_2N-C-H \\ | \\ H-C-OH \\ | \\ CH_3 \end{array}$$

〔問17・6〕アラニンの構造式はどうか．この分子のどの官能基間で結合してできるジペプチドか．

# 参 考 書

### ほんとに易しい本

　以前であれば，高等学校のテキストや受験参考書がきわめて有益であったが，文部省（現在は文部科学省）のコントロールが効き過ぎて，面白いことがほとんど削除されてしまい，無味乾燥至極となったし，ふさわしい実例や用語も使えないためにわざわざ七面倒な記述になっている．また一方では，受験産業界が自分たちで勝手につくった「偏差値」なる怪しげな指標を上げさせるのを目標にするための参考書だけになった現在では，ほとんど役に立たない．

　この場合には，ビジネスマン向けの速習書の方がはるかに有効である．いくつか記しておこう．

　米山正信著：『化学のドレミファ（1〜6）』（黎明書房）
　米山正信著：『化学のしくみ』（日本実業出版社）
　左巻健男編著：『たのしい科学の本（物理・化学）』（新生出版）
　左巻健男著：『化学超入門』（日本実業出版社）
　小川邦康・大矢浩史監修：『図解雑学　化学のしくみ』（ナツメ社）
　飯野睦毅著：『まんが・アトム博士のたのしい化学探検』（東陽出版）
　福間智人著：『忘れてしまった高校の化学を復習する本』（中経出版）

　このほかに，豊富なカラー写真を含む高等学校用の副読本が何種類かある．たとえば『視覚で捉えるフォトサイエンス・化学図録』（数研出版）などで，内容の豊富さに比べるとずいぶん安価である．

　大学初年次向けのやさしい化学のテキストとしては，
　R. J. Ouellette 著（岩本振武・山崎昶　訳）：『化学　－その基礎へのアプローチ－』（東京化学同人）
が，マンガ風のイラストや算数のおさらいまでを含み，かなりのロングセラーである．

### 個人で持っていると便利な小辞典

　諸兄姉は何かわからなくて躓くことがあると，いきなり「ワカリマセーン」と高姿勢で誰かに聞きたがる．「高い授業料を払っているのだから，講義をさぼろうと授業時

間中にケータイを使おうとこちらの勝手．わかんないことはこちらにもわかるように教官に説明を求めるのは学生の権利である」というのである．これはさる有名医師の書いた受験本のコピーらしいのだが，現在この大先生は，いつの間にか宗旨替えして，ゆとり教育絶対反対の旗を振っておいでである．

　自分にとって本当に必要な情報やデータを得るためには，これではまったくのマイナスでしかない．大学の教官はティーチングマシンではないのだから，ふつうの人間と同じように，つまらないことを何度も質問されるとだいたい不機嫌になる．もっと上手に自分の必要とすることを引き出すようにしなくては時間の無駄でもあるし，結果的に自らの評価を下げてしまうことにもなる．

　東京大学の蓮實重彦教授が，ある学生からこんなおろかな質問をされたとき「わからないのはあなたがバカだからです！」ときびしくいわれたそうである．企業の上役や医局のエライサンなら平気でもっとひどいことを口にされる．大学の先生方のほとんどは，表立ってこそ言われないのだが，同じようにお考えであることは想像に難くない．

　大事な情報を獲得するためには，このような保育園児並みの聞き方しかできないと，怖い上司や先輩に「馬鹿」「阿呆」呼ばわりされても身から出たさび，一つも得にはならないし，求めるものも何一つ得られない．ましてや患者さんの前で無知ぶりを発揮したら，このごろ流行の「心のケア」なんて望むべくもない．「こんなことも何一つわかっちゃいないナースの言うことなんか，怖くて従えるものか」となるだろう．

　そのためには，自分で小さな辞典を手元に置いて，まずこれを開いて眺めてみて，「ここにこう書いてあるのだが，この記載がわからない」というような尋ね方をするだけで，得られる情報はずっと理解しやすくなり，かつ豊富になるはずなのである．下にいくつかあげておく．

『講談社　新・化学用語小辞典』
（もともと英国の大学入学資格試験（GCE）の上級用につくられたものの翻訳だが，わが国の企業の研究所や医療現場のスタッフも結構愛用している．）

『三省堂　化学小事典』
（コンパクトで豊富な内容を含むが，執筆陣がかなりお年を召された大先生ばかりのため，説明の文章はいささか固めで難しい傾向がある．採録語数はかなり多い．）

## 参 考 書

『東京化学同人　エッセンシャル化学辞典』
(どちらかというと理学部や工学部の学生諸君を対象としている．だが将来大学院受験などを心がけている方々には便利であろう．編集方針のためか，医療や看護の現場でよく使われる用語が載っていないことがしばしばある．)


### 実 験 書

　この本では，ページ数そのほかの制限もあって，化学実験の項目を組み込むことが残念ながらできなかった．だが，最近インスブルック大学で有機合成で学位を取得されたベルンハルト・チュルニック博士（全盲の化学者である）のいわれたように「実験を伴わない化学は，半分の化学でしかない．半分の化学なんて化学とはいえない」のである．
(B. Tschulnigg: "For me, chemistry without the practical work is only half chemistry, and half chemistry is no chemistry."　*Chemical and Engineering News*, 2002, Sept. 2, 36-37.)
　幸いなことに，化学実験のテキストはいろいろ市販されていて，その中から諸般の事情の許す限りのテーマを選択すれば，いろいろの興味ある実験が可能となっている．いくつかリストを挙げておく．
　斎藤信房編：『大学実習 分析化学』（裳華房）
　大学レベルの分析化学実験のテキストとして，これに匹敵するほど親切に書かれたものはちょっとほかにはない．ただ，有機化学や生化学関連の方面はやや手薄である．
　頼実正弘編：『化学系実験の基礎と心得』（培風館）
　西山隆造著：『図解 初めて化学の実験をする人のために』（オーム社）
　どちらも豊富な図面入りである．やや以前の出版なので入手が難しいかもしれない．（後者については2000年に改訂版が出版されているようである．)
　そのほか，それぞれの大学での実験テキストが書物の形で刊行されたものが多数ある．
　裳華房ポピュラー・サイエンス シリーズには，それぞれ現場で苦心された先生方の労作をまとめたものがあり，あまり大がかりな準備をしなくともできる，いろいろとおもしろい実験の例がまとめられている．
　長谷川 正 編著：『化学が面白くなる実験』

## 参 考 書

宮田光男編：『化学が好きになる実験』,『作って楽しむ理科遊び』,『ダイナミックな化学実験』
林 良重 編著：『ときめき化学実験』
新潟県化学を楽しむ会編：『やってみよう・見てみよう 楽しい化学5分間実験』
増井幸夫著：『母と子の化学ゼミナール』
増井幸夫・谷本幸子 共著：『家の中の化学あれこれ』
増井幸夫・平野和子『親子で楽しむ 中学校理科室だより』
杉山剛英著：『どきどき化学なるほど実験』
山本勝博編著：『化学クラブ活動入門』

世の中には「実験は必ずテキスト通りの結果がでるもの」と信じ込んでいる人たちがきわめて多いのだが，これはまさに受験術に毒された結果である．

ビーカーや試験管の中身ですら，予想通りに反応が起きるとは限らないのだし，まして相手が万物の霊長たる人間ならば，常に予期しない現象が発生する可能性がある．いまから30年ほど前に，英国でホスピスが開設された当時，医師に見放されてホスピスに移ってきた何人もの重症の患者が，完治して退院する例が結構あった．現在でもこの例には事欠かないらしい．

自分で実験をやった経験があると，予測通りとならない現象からすばらしい成果を得ることも可能となる．化学や医学・生理学でのノーベル賞の対象となった研究にも，このような予想外の観察結果から生まれたものが少なくない．単なるロボットでは大発見はできない（もちろん看護スタッフなどつとまらない）．

なお，化学薬品や実験器具類の扱いには，いくら注意してもしすぎることはない．とくに初心者の場合には，前もってテキスト類にきちんと眼を通し，教官の指示をよく守ることが不可欠である．「当日に実験室に来てから，あわててテキストやプリントを見て，よくわかっていない仲間と相談しながら手を機械的に動かす」のでは，実験をしたことにはならないし，だいたい自分で危険を招いているようなものである．現在頻発する投薬ミスなど，看護師教育課程でこのあたりが大きく欠けているのが原因であろう．

# 索　引

目次から引ける項目は収録しない

## ア

RNA　170
アイソトニックドリンク　76
アガロースゲル　83
アノマー　141
アミン　135
アルカン　123
アルドース　140
$\alpha$ ヘリックス（$\alpha$ らせん）　165
安定核種　11

## イ

イオン結合　24
異性　99
異性体　99
一次構造（タンパク質の）　164
医療ミス　2

## ウ

右旋性　116
宇田川榕庵　22

## エ

エステル　133
エナンチオマー　115
エネルギー単位の換算表　7
エマルジョン　80

## オ

オキシドール　59
オスモル　33
オゾン消毒　59

## カ

解膠　83
壊変定数　12
化学構造　93
核種　10
過酸化水素　59
活性酸素　56
カテコールアミン　136
ガラス電極　88
還元糖　147
環式（または環状）化合物　97

## キ

緩衝溶液　41

キサントプロテイン反応　167
キセロゲル　82
ギブスエネルギー　85, 86
逆浸透純水　74
球状タンパク質　166
凝華　67
強酸　36
凝析　83
鏡像体　115
共役二重結合　152
共役の酸・塩基　35
共有結合　25
共有電子対　102
極性共有結合　25

## ク

グラム原子　28
グラム分子　28
グリセロリン脂質　150
クロールカルキ　58

## ケ

ケーソン病　69
血液の凝固　44
ケトース　140
限外顕微鏡　81
原子価のルール　93
原尿　75

## コ

高次構造（タンパク質の）　167
高浸透圧　76
高張液　76
固定用剤　64
コロイド分散系　80

## サ

錯体　27
鎖式（または鎖状）化合物　97
左旋性　116
サプリメント　66
酸アミド　134
酸化数　52
三次構造（タンパク質の）　166
参照電極　88
酸性共有結合　25

## シ

脂環式化合物　97
式量　29
シグモイド曲線　40
シクロアルカン　123
シス－トランス異性体（幾何異性体）　120
脂肪酸　133
脂肪族化合物　97
ジャヴェル水　58
弱酸　36
自由エネルギー　85
重量モル濃度　31
収斂剤　64
昇華　67
昇汞　65
消毒剤　64
人工透析　76
新生児黄疸　50
人体の成分　63
浸透圧　74

## ス

水素結合　26
水道用の浄水器　76
数詞接頭語　137
スフィンゴリン脂質　151

## セ

制ガン剤　64
制酸剤　64
舎密開宗　22
繊維状タンパク質　165
旋光　116
潜水病　69
ゼンメルワイス　56

## ソ

造影剤　64
双性イオン（両性イオン，双極イオン）　158
阻害剤（酵素の）　169
組成式　23

## タ

対掌体　115
脱離反応　129
炭化水素　123
単純脂質　150
単純タンパク質　167
炭素環式化合物　97
タンパク質の変性　167

## チ

置換反応　131
超酸化物　56

## テ

D-, L-（アミノ酸の） 158
D-, L-（糖の） 139
ＤＮＡ 170
低浸透圧 76
低張液 76
デオキシリボ核酸（ＤＮＡ） 170
電解質 34
電解質元素 62, 63
電気陰性度 104
電気化学当量 31
電子対消滅 17

## ト

同位体 11, 14
等浸透圧 76
透析脳症 76
等張液 77
等電点 158

## ニ

二酸化炭素分圧 47
二次構造（タンパク質の） 165
二重らせん構造（ＤＮＡの） 174
乳濁質 80

## ヌ

ヌクレオシド 171
ヌクレオチド 172

## ノ

濃度商 44

## ハ

ハース式 142
配位結合（配位共有結合） 26, 103
半減期 12

## ヒ

ビウレット反応 167
非還元糖 147
非共有電子対（孤立電子対） 102
比旋光度 116
必須アミノ酸（不可欠アミノ酸） 161
必須元素 63
非電解質 34
標準水素電極 88
漂白粉 58
ピラノース 143
貧血治療薬 64

## フ

ファントホッフ係数 74
付加反応 129
複合脂質 150
複合タンパク質 167
複素環式化合物 97
不飽和化合物 98
フラノース 143
分圧 47
分圧の法則 68
分極 25
分散質 80
分散媒 80
ブンゼンの吸収係数 69

## ヘ

平衡定数 44
$\beta$シート 165
ヘキソース 139
ペプチゼーション 83
ペプチド結合 162
ヘモグロビン 47, 50
ヘモグロビンＡ 49
ヘモグロビンＦ 49
Henderson–Hasselbalchの式 41
ペントース 139
ヘンリーの法則 69

## ホ

ボイル－シャルルの法則 67
芳香族化合物 97
放射性核種 11
放射性同位体 11
飽和化合物 98
ボーア効果 42, 47
補欠分子族 168
補酵素（助酵素） 168

## マ

マスキング剤 45

## ミ

ミオグロビン 47, 50
ミネラル 63

## モ

モーズレイの法則 9
モル濃度 30

## ユ

有効塩素分 59
誘導体 126

## ヨ

溶血 77
溶質 70
陽電子放出 16
溶媒 70
ヨードチンキ 60
四次構造（タンパク質の） 166

## ラ

ライエイトイオン 37
ライオニウムイオン 37
ラセミ体 117

## リ

利尿剤 64
リボ核酸（RNA） 170

## ル

ルゴール液 60

## レ

レントゲン線 5

## 著者略歴

塩田 三千夫(しおた みちお)

- 1945年　東京帝国大学理学部化学科卒業
- 1951年　お茶の水女子大学助教授
- 1965年　同教授
- 1986年　停年退職，お茶の水女子大学名誉教授
- 1990年　文教大学教授
- 1994年　定年退職

山崎 昶(やまさき あきら)

- 1960年　東京大学理学部化学科卒業
- 1965年　東京大学大学院博士課程修了
- 1965年　東京大学助手(理学部化学教室)
- 1975年　電気通信大学助教授
- 1999年　日本赤十字看護大学教授
- 2003年　停年退職

医療・看護系のための 化学入門

| | |
|---|---|
| 2003年2月25日 | 第1版発行 |
| 2008年4月10日 | 第4版発行 |
| 2013年2月20日 | 第4版3刷発行 |

検印省略

定価はカバーに表示してあります．

増刷表示について
2009年4月より「増刷」表示を「版」から「刷」に変更いたしました．詳しい表示基準は弊社ホームページ
http://www.shokabo.co.jp/
をご覧ください．

| | |
|---|---|
| 著作者 | 塩田　三千夫 |
| | 山崎　　昶 |
| 発行者 | 吉野　和浩 |
| 発行所 | 東京都千代田区四番町8番地 |
| | 電話 東京 3262-9166(代) |
| | 郵便番号 102-0081 |
| | 株式会社 裳華房 |
| 印刷所 | 横山印刷株式会社 |
| 製本所 | 株式会社 青木製本所 |

社団法人 自然科学書協会会員

JCOPY 〈(社)出版者著作権管理機構 委託出版物〉

本書の無断複写は著作権法上での例外を除き禁じられています．複写される場合は，そのつど事前に，(社)出版者著作権管理機構（電話03-3513-6969，FAX 03-3513-6979，e-mail: info@jcopy.or.jp）の許諾を得てください．

ISBN 978-4-7853-3068-2

© 塩田三千夫，山崎　昶，2003　　Printed in Japan

## 化学の指針シリーズ

| 書名 | 著者 | 定価 |
|---|---|---|
| 化学環境学 | 御園生　誠 著 | 定価 2625 円 |
| 生物有機化学 ーケミカルバイオロジーへの展開ー | 宍戸・大槻 共著 | 定価 2415 円 |
| 有機反応機構 | 加納・西郷 共著 | 定価 2730 円 |
| 有機工業化学 | 井上祥平 著 | 定価 2625 円 |
| 分子構造解析 | 山口健太郎 著 | 定価 2310 円 |
| 錯体化学 | 佐々木・柘植 共著 | 定価 2835 円 |
| 量子化学 ー分子軌道法の理解のためにー | 中嶋隆人 著 | 定価 2625 円 |
| 化学プロセス工学 | 小野木・田川・小林・二井 共著 | 定価 2520 円 |

| 書名 | 著者 | 定価 |
|---|---|---|
| Catch Up　大学の化学講義 ー高校化学とのかけはしー | 杉森・富田 共著 | 定価 1890 円 |
| 一般化学（三訂版） | 長島・富田 共著 | 定価 2415 円 |
| 理科教育力を高める　基礎化学 | 長谷川・國仙・吉永 共著 | 定価 2520 円 |
| 環境・くらし・いのちのための　化学のこころ | 伊藤明夫 著 | 定価 2100 円 |
| 基礎無機化学（改訂版） | 一國雅巳 著 | 定価 2415 円 |
| 無機化学（改訂版） | 木田茂夫 著 | 定価 2730 円 |
| 演習でクリア　フレッシュマン有機化学 | 小林啓二 著 | 定価 2940 円 |
| 分析化学の基礎 | 木村・中島 共著 | 定価 3045 円 |
| 分析化学（改訂版） | 黒田・杉谷・渋川 共著 | 定価 3990 円 |
| 基礎化学選書2　分析化学（改訂版） | 長島・富田 共著 | 定価 3675 円 |
| 基礎化学選書7　機器分析（三訂版） | 田中・飯田 共著 | 定価 3465 円 |
| 量子化学（上巻） | 原田義也 著 | 定価 5250 円 |
| 量子化学（下巻） | 原田義也 著 | 定価 5460 円 |
| ステップアップ　大学の総合化学 | 齋藤勝裕 著 | 定価 2310 円 |
| ステップアップ　大学の物理化学 | 齋藤・林 共著 | 定価 2520 円 |
| ステップアップ　大学の分析化学 | 齋藤・藤原 共著 | 定価 2520 円 |
| ステップアップ　大学の無機化学 | 齋藤・長尾 共著 | 定価 2520 円 |
| ステップアップ　大学の有機化学 | 齋藤勝裕 著 | 定価 2520 円 |

裳華房ホームページ　http://www.shokabo.co.jp/　　2013年2月現在

# 元素の周期表

| 周期＼族 | 1 (1A) | 2 (2A) | 3 (3A) | 4 (4A) | 5 (5A) | 6 (6A) | 7 (7A) | 8 | 9 (8) |
|---|---|---|---|---|---|---|---|---|---|
| 1 | $_1$H 水素 1.008 2.1 | | | | | | | | |
| 2 | $_3$Li リチウム 6.941 1.0 | $_4$Be ベリリウム 9.012 1.5 | | | | | | | |
| 3 | $_{11}$Na ナトリウム 22.99 0.9 | $_{12}$Mg マグネシウム 24.31 1.2 | | | | | | | |
| 4 | $_{19}$K カリウム 39.10 0.8 | $_{20}$Ca カルシウム 40.08 1.0 | $_{21}$Sc スカンジウム 44.96 1.3 | $_{22}$Ti チタン 47.87 1.5 | $_{23}$V バナジウム 50.94 1.6 | $_{24}$Cr クロム 52.00 1.6 | $_{25}$Mn マンガン 54.94 1.5 | $_{26}$Fe 鉄 55.85 1.8 | $_{27}$Co コバルト 58.93 1.8 |
| 5 | $_{37}$Rb ルビジウム 85.47 0.8 | $_{38}$Sr ストロンチウム 87.62 1.0 | $_{39}$Y イットリウム 88.91 1.2 | $_{40}$Zr ジルコニウム 91.22 1.4 | $_{41}$Nb ニオブ 92.91 1.6 | $_{42}$Mo モリブデン 95.94 1.8 | $_{43}$Tc テクネチウム (99) 1.9 | $_{44}$Ru ルテニウム 101.1 2.2 | $_{45}$Rh ロジウム 102.9 2.2 |
| 6 | $_{55}$Cs セシウム 132.9 0.7 | $_{56}$Ba バリウム 137.3 0.9 | 57〜71 ランタノイド 1.1〜1.2 | $_{72}$Hf ハフニウム 178.5 1.3 | $_{73}$Ta タンタル 180.9 1.5 | $_{74}$W タングステン 183.8 1.7 | $_{75}$Re レニウム 186.2 1.9 | $_{76}$Os オスミウム 190.2 2.2 | $_{77}$Ir イリジウム 192.2 2.2 |
| 7 | $_{87}$Fr フランシウム (223) 0.7 | $_{88}$Ra ラジウム (226) 0.9 | 89〜103 アクチノイド | | | | | | |

| | | | | | | | |
|---|---|---|---|---|---|---|---|
| ランタノイド 1.1〜1.2 | $_{57}$La ランタン 138.9 | $_{58}$Ce セリウム 140.1 | $_{59}$Pr プラセオジム 140.9 | $_{60}$Nd ネオジム 144.2 | $_{61}$Pm プロメチウム (145) | $_{62}$Sm サマリウム 150.4 | $_{63}$Eu ユウロピウム 152.0 |
| アクチノイド | $_{89}$Ac アクチニウム (227) 1.1 | $_{90}$Th トリウム 232.0 1.3 | $_{91}$Pa プロトアクチニウム 231.0 1.5 | $_{92}$U ウラン 238.0 1.7 | $_{93}$Np ネプツニウム (237) 1.3 | $_{94}$Pu プルトニウム (239) 1.3 | $_{95}$Am アメリシウム (243) 1.3 |